"十一五"高职高专公共基础课规划教材

环境保护概论

主　编　王一民
副主编　李东流
参　编　翟开华　刘　研

机械工业出版社

本书通过介绍人与自然的关系、生态平衡与环境的关系，进而认识改善生态环境、减少环境污染的重要性和可持续发展的战略意义，并探讨防治环境污染和改善生态环境的方法，以培养善待地球就是善待自己的环保意识，以及自觉遵守有关环境保护的法律法规的意识。全书共十一章，包括：绪论、生态环境及其保护、大气污染及其防治、水体污染及其防治、固体废物处理与利用、其他环境污染及其防治、资源与环境、环境管理与法规、环境监测与评价、可持续发展战略、循环经济与清洁生产。

本书为高等学校非环保专业教学的教材，也可供相关人员参考使用。

图书在版编目（CIP）数据

环境保护概论/王一民主编．—北京：机械工业出版社，2007.2（2017.2重印）
“十一五”高职高专公共基础课规划教材
ISBN 978-7-111-20904-1

Ⅰ.环…　Ⅱ.王…　Ⅲ.环境保护-高等学校：技术学校-教材　Ⅳ.X

中国版本图书馆CIP数据核字（2007）第022252号

机械工业出版社（北京市百万庄大街22号　邮政编码100037）
策划编辑：于奇慧
责任编辑：王玉鑫　于奇慧
版式设计：霍永明　责任校对：魏俊云
封面设计：王伟光　责任印制：常天培
北京京丰印刷厂印刷
2017年2月第1版·第5次印刷
184mm×260mm·10印张·239千字
13 001—14 900册
标准书号：ISBN 978-7-111-20904-1
定价：24.00元

凡购本书，如有缺页、倒页、脱页，由本社发行部调换

电话服务
服务咨询热线：010-88379833
读者购书热线：010-88379649

网络服务
机 工 官 网：www.cmpbook.com
机 工 官 博：weibo.com/cmp1952
教育服务网：www.cmpedu.com
金 书 网：www.golden-book.com

前　言

我国政府把环境保护、节约资源确立为基本国策，坚持实施可持续发展战略，同步推进经济建设、城市建设和环境建设。通过发展循环经济，保护生态环境，加快建设资源节约型、环境友好型社会，促进经济发展与人口、资源、环境相协调。

我国政府确定的中国50年发展目标是：到2050年，在整体国民经济中，科学发展的贡献率达到70%～75%；每单位GDP的能量和资源消耗所创造的价值，在2005年的基础上要分别提高15～20倍；中国人的平均预期寿命可以达到85岁；全国人均受教育的年限，从现在的7.8年提升到14年以上；实现人口自然增长率的零增长，同时大力提高人口素质，改善人口的结构；实现能源和资源消耗速率的零增长，同时大力提高社会财富的积累能力；基本实现生态环境退化速率的零增长，同时大力提高生态环境的质量，整体改善生存空间，全面进入可持续发展的良性循环。

要实现这一宏伟目标，实施“科教兴国战略和人才强国战略”是重要的举措。所有美好前景的实施，都要由“现代职业人”完成。职业教育是培养“现代职业人”的摇篮，因此职业教育的成败是重要的一环。我们认为“现代职业人”除了具备良好的职业道德和熟练的操作技能外，还应具备强烈的环境意识、生态意识和绿色消费意识。本教材在编写上力求达到以下几点：

1. 注重培养学生的环境意识

本教材面向非环保专业的高职、中职学生，在教材内容取舍上，尽量保留常识性的知识、典型案例和可持续发展等理念性知识，摒弃专业性较强的知识。力求通俗易懂，印象深刻，加深学生的环境意识。

2. 注重培养学生的参与意识

本教材在每章后面的思考与实践中编入较多的参与和实践内容，力求培养学生的参与意识，使学生在参与和实践中加深对环境意识、生态意识和绿色消费意识的理解。

3. 注重培养学生的环保习惯

为了培养学生保护环境、爱护自然的良好习惯，本教材按课程顺序在不同章节后编写了不同内容的实践课题，如制定个人环保规划、定期自检报告、成立环保行动小组等，同时要求学生利用E-mail交作业和报告，实现无纸教学。

4. 注重培养学生的法制观念

本教材为了培养学生的法制观念，在内容上安排了“环境管理与法规”、“环境监测与评价”等内容。力求培养学生较强的法制观念，熟悉环境保护的有关法律法规等知识，在今后的生活和工作中懂法、守法。

5. 注重培养学生的自学能力

环境科学是一门新兴的、不断发展的学科。新知识、新案例、新规则会不断涌现，一本教材是不够的，为此，我们在每章后面提供了参考书与相关网站和相应的查阅作业，培养学生查阅新知识的自学能力，达到终生教育的目的。

通过环境保护概论课程的学习和实践，力求使学生达到：①了解人与自然的关系、环境与健康的关系、生态平衡与环境的关系；②了解全球环境污染与生态破坏情况；③了解我国的环境与生态问题，认识到改善生态环境、减少环境污染的重要性和可持续发展的战略意义；④了解防治环境污染和改善生态环境的方式方法；⑤建立善待地球就是善待自己的环保意识；⑥自觉遵守国际、国内有关环境保护的法律法规；⑦能够从自己做起、从点滴做起改善环境、减少污染，并坚持终生，造福于中华民族的子孙后代。

参加本书编写工作的有沈阳职业技术学院王一民、刘研，河北机电职业技术学院李东流，四川工程职业技术学院翟开华。王一民任主编、李东流任副主编，负责全书的统稿工作。

全国机械职教中心基础课教学指导委员会化学环保学科组专门针对本教材召开了编审会，并提出了许多宝贵的意见和建议。许雅周、刘开明、谢惠春、吴颖、郑凤云等老师也给予本教材很多支持和帮助，在此一并感谢！

由于编者水平有限，书中错误及不足之处在所难免，敬请广大读者和专家批评指正。

编　者

目 录

第 1 章 绪　论

内容提要：地球是人类赖以生存的基础，地球环境问题是人类当前面临的重大社会问题之一。本章着重介绍环境与环境问题、环境科学与环境保护、环境与健康等内容。

学习要点：了解地球环境状况，掌握环境、环境保护、环境科学的有关概念，增强环境保护意识，制定环境保护计划，培养环境保护的良好习惯。

人类在自身不断发展的历史进程中，不仅以自己的存在影响环境，而且也以自己的活动改变环境。在这个过程中，确有许多环境因素的改变是不利于人类发展的。众所周知，当前全球性的人口激增、粮食不足、能源危机、资源紧缺、环境污染等问题，已使人类陷入深深的不安之中。我们必须吸取发达国家所经历过的“先污染后治理”的经验教训，在全力发展经济建设的同时，一定要坚定不移地执行环境保护这一基本国策，为中华民族的子孙后代造福。

1.1　环境与环境问题

1.1.1　环境

在环境科学中，一般认为环境是指围绕着人群的空间及其中可以直接、间接影响人类生存和发展的各种自然因素的总体。通常，可以按照环境的主体、范围、对象等分类。

按照环境的主体分类，可把人类视为主体，其他生命体和非生命体都视为环境。

按照环境的对象分类，可把环境分为自然环境和社会环境两类。自然环境又分为大气环境、水环境、土壤环境、生物环境、地质环境等。社会环境包括城市、乡村、工业、交通、名胜古迹、人文景观、文化娱乐、政治经济等。

按照环境的范围分类，可把环境分为聚落环境、地理环境、地质环境和宇宙环境，从而形成了一个庞大的系统。图 1-1 形象地表述了它们之间的关系。

1. 聚落环境

聚落是人类聚居的场所和活动的中心。聚落环境就是人类聚居场所的环境。它是与人类工作和生活最密切、最直接的环境。人的一生大部分时间是在聚落环境中度过的，因此对聚落环境特别关心和重视。

聚落环境是人类有计划、有目的地利用和改造自然环境而创造出来的生存环境。聚落环境的发展，为人类提供了越来越方便而舒适的工作与生活环境；但与此同时，聚落环境中人口密集、活动频繁也会造成环境的污染。

2. 地理环境

地理环境是自然地理环境和人文地理环境两个部分的统一体。自然地理环境是由岩石、土壤、水、大气、生物等自然要素有机结合而成的自然综合体。人文地理环境是人类的社会、文化和生产活动的地域组合，包括人口、民族、聚落、政治、社团、经济、交通、军事、社会行为等许多成分，它们在地球表面构成的圈层称为人文圈。自然地理环境是自然物质发展的产物，人文地理环境是人类在自然地理环境的基础上进行社会、文化和生产活动的结果。

3. 地质环境

人们对地质环境的涵义有不同看法：有人认为是由岩石、土壤、水和大气这些地球物质组成的体系；还有人认为只由岩石及其风化产物——土壤两部分组成；也有人提出地质环境主要是指地表以下的坚硬地壳层，它可以延伸到地核内部（如图 1-1 所示）。

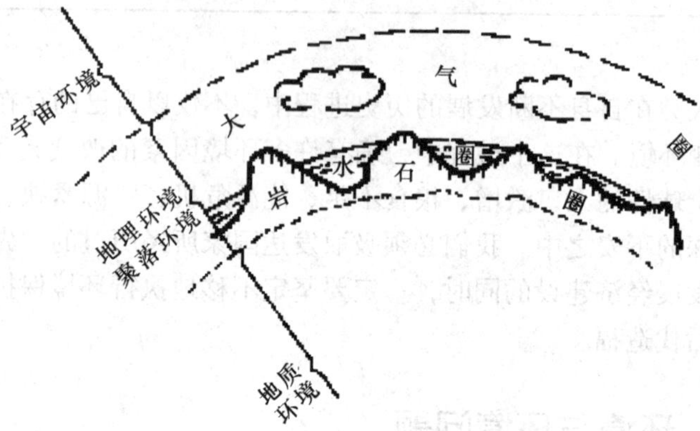

图 1-1 环境体系

地质环境为人类提供了大量的生产资料、丰富的矿产资源，以及难以再生的资源。随着生产的发展，大量矿产资源引入地理环境，在环境保护中是一个不容忽视的重要方面。

地理环境和地质环境是有区别的，前者主要是指对人类影响较大的地表环境，而后者深入到地壳内部，并不包括有机界。

4. 宇宙环境

宇宙环境是指大气层以外的空间。它是人类活动进入大气层以外的空间和与地球邻近的天体过程中提出来的新概念，也有人称之为空间环境。迄今为止，人类对宇宙环境的认识还很不足，有待于进一步开发和利用。地球是太阳系的一员，人类生存环境中所需要的能量主要来自太阳辐射，在环境保护中，如何充分利用它是十分重要的。

在环境法规中，往往把应当保护的环境要素或对象称为环境。如《中华人民共和国环境保护法》中指出："本法所称环境，是指影响人类生存和发展的各种天然的和经过人工改造的自然因素的总体，包括大气、水、海洋、土地、矿藏、草原、森林、野生生物、自然遗迹、人文遗迹、自然保护区、风景名胜区、城市和乡村等。"这是我们依靠现代科学技术、从事环境保护工作所能达到的较大范围。随着科学技术的发展，这一范围还会不断扩大。

1.1.2 环境问题

所谓环境问题，是指由于环境质量所发生的种种变化对人类的生产、生活和健康产生一系列影响的问题。

1. 环境问题分类

环境问题按成因不同可分为以下两大类（见图 1-2）。

- 环境问题
  - 原生：洪水、地震、火山爆发、台风、海啸、旱灾、虫灾、流行病等
  - 次生
    - 环境污染
      - 污染：大气、水体、土壤、生物、放射
      - 干扰：噪声、振动、电磁辐射
    - 生态环境破坏：森林破坏、草原退化、沙漠化、盐碱化、水土流失、物种灭绝等

图 1-2 环境问题分类

第一类环境问题，又称原生环境问题。它是指由于种种自然因素所引起的环境问题，不受或较少受人类活动的影响，如洪水、地震、火山爆发、台风、海啸、旱灾、虫灾、流行病等带来的环境问题。这类环境问题在短时间内可以造成巨大的危害，所以容易引起人们的重视。

第二类环境问题，又称次生环境问题。它是指由于种种人为因素所引起的环境问题。比如不合理开发利用资源所引起的生态环境破坏、资源耗竭和工业发展所带来的环境污染等问题。这类环境问题所造成的危害多数是潜在的、累积的和长期的，它在短时间内不容易引起人们足够的重视。

原生和次生两类环境问题只是相对的。它们常常相互影响、重叠发生，形成复合效应。

2. 环境问题的产生和发展

自然环境的运动，一方面有它本身固有的规律，同时也受人类活动的影响。自然的客观性质和人类的主观要求、自然的发展过程和人类活动的目的之间不可避免地存在着矛盾。

人类通过生产与消费作用于环境，从中获取生存和发展所需要的物质和能量，同时又将“三废”排放到环境中；环境又以某种形式反作用于人类，从而人类与环境之间通过物质、能量、信息联结起来，形成复杂的人类环境系统。

当人类的活动违背自然规律时，就会对环境质量造成一定程度的破坏，从而产生环境问题。以环境污染为例，环境对污染虽然具有一定的容纳能力和自净能力，但这种环境容量和自净能力都是有限的。人类活动产生并排入环境的污染物和污染因素如果超越了这个限度，就会导致环境质量的显著恶化。

可以说，环境问题是伴随着人类的出现而产生的。但在古代，由于对自然的开发和利用规模较小，所以环境问题不十分突出。环境问题成为严重的社会问题，是从产业革命开始的。

1784 年瓦特发明了蒸汽机。以此为起点的产业革命使人类社会的生产力得到巨大提高，也给环境带来了污染和破坏。由于大量用煤作燃料，烟尘和二氧化硫（SO_2）污染了大气；矿冶炼、制碱工业使水污染，出现了一系列“公害”事件。例如，英国伦敦 1873 年、1880 年和 1891 年发生三次烟雾事件，死亡 1532 人。日本从 1893 年起大约 50 年间，足尾铜矿冶炼过程中排放出的废气和废水使大片森林死亡、田园荒芜，几十万人流离失所，无家可归。

20 世纪 20 年代至 40 年代，燃煤造成的污染巨增不减，同时出现了石油工业和石油产

品带来的污染。大气中氮氧化物含量增加，出现了光化学烟雾。

20世纪50年代末和60年代初，随着工业发展、人口增加和城市化进程加快，环境污染发展到顶峰，并已成为发达资本主义国家的一个重大社会问题。著名的“八大污染事件”大多发生在这一时期。这一时期除石油及石油产品的污染大量增加、巨型油轮污染海洋、高空飞行器污染大气外，有毒化学品、农药、化肥的使用、放射性装置的出现，以及噪声、振动、垃圾、恶臭、电磁波辐射和地面沉降等公害纷至沓来，不仅污染了农田、水域，就连高山、极地、人迹罕至的岛屿也难于幸免。

当代世界环境问题的特点是，人类文明和对环境的开发、利用都达到空前的程度。发达国家对环境的治理取得一定成效，但仍然存在或新产生了一些问题；发展中国家急切改变贫穷落后状态的愿望与行动，加剧了生态破坏和环境污染。这些环境问题强烈地制约和影响着经济的发展，甚至明显地危及人类的生存。

3. 环境问题的实质

环境问题既是经济问题，也是社会问题。一方面，人类面临的环境问题无论是环境污染还是生态破坏，都是人类经济活动的直接或间接的结果，是由于经济的盲目发展、自然资源不合理的开发利用，造成环境质量恶化和自然资源的枯竭与破坏。而这些经济行为，又与国家的政策有关，与社会问题，特别是人口急剧增长、产业化和城市化进程有关。另一方面，环境问题的解决又必须依靠相当的经济实力，需要各国政府和公众的重视，有赖于科学技术的进步和人口素质的提高，需要将人口、能源、资源和环境作为一个整体来考虑。

思考与讨论：我们身边存在哪些环境问题？结合实际问题谈谈你的看法。

1.2 环境科学与环境保护

1.2.1 环境科学

环境科学知识的积累由来已久。20世纪中期，早期工业国家出现“大气污染时代”之后，经过20世纪60年代的酝酿，到20世纪70年代初期，环境保护的科研工作逐渐汇集成一门独立的、领域广阔的新兴学科。尤其是最近十几年，环境科学的发展异常迅速，自然科学、社会科学和工程技术都向它渗透并不断赋予其新的内容。

1. 环境科学的研究对象

环境科学是以人类为中心、生态系统为其特定的研究对象，研究生态系统的发生与发展、调节与控制，以及改造与利用的科学。环境科学的研究领域已从侧重于自然科学和工程技术等方面扩大到社会学、经济学、法学等社会科学方面。

2. 环境科学的研究任务

环境科学在宏观上研究人类同环境之间的相互作用、相互促进、相互制约的对立统一关系，揭示社会经济发展和环境保护协调发展的基本规律；在微观上研究环境中的物质，尤其是人类活动排放的污染物在有机体内迁移、转化和蓄积的过程及其运动规律，探索它对生命的影响及作用机理等。

环境科学的主要任务是：

1）探索全球范围内环境演化的规律。

2）揭示人类活动和自然生态之间的相互影响。

3）探索环境变化对人类生存的影响。

4）研究区域环境污染综合防治的技术措施和管理措施。

3. 环境科学的内容与分科

环境科学的内容十分丰富，分科也相当复杂。由于它是一门新兴的学科，目前还处在蓬勃发展阶段，因此，很难有一个成熟的分科体系。现阶段，环境科学主要是运用自然科学和社会科学等有关学科的理论、技术和方法来研究环境问题。它在发展过程中，又逐渐与有关学科相互渗透、交叉而形成许多分支学科。其中属于自然科学方面的有环境物理学、环境化学、环境地学、环境生物学、环境医学、环境工程学、环境生态学等；属于社会科学方面的有环境管理学、环境经济学、环境伦理学环境法学等，它们之间的关系如图1-3所示。

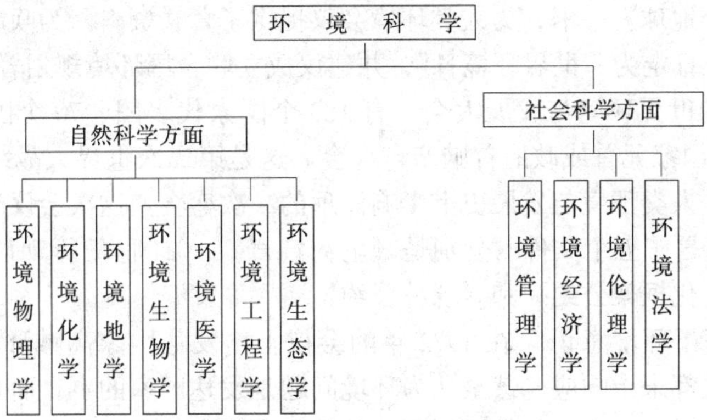

图1-3 环境科学的分科体系

环境科学的具体内容，归纳起来可以包括以下十个方面：

1）人类和环境的关系。

2）污染物在自然环境中的迁移、转化、循环和积累的过程与规律。

3）环境污染的危害。

4）环境状况的调查、评价和环境预测。

5）环境污染的控制与防治。

6）自然资源的保护与合理利用。

7）环境监测、分析技术与环境预报。

8）环境区域规划和环境规划。

9）环境管理。

10）绿色生产技术的开发。

1.2.2 环境保护

1. 环境保护的内容

根据我国环境保护法的规定，环境保护的内容是“保护和改善生活环境和生态环境，防治污染和其他公害。”具体来说，环境保护就是运用现代环境科学的理论和技术，在更好地利用自然资源的同时，认识环境污染和环境破坏的原因与危害，预防环境质量的不断恶化，控制环境污染和环境破坏，促进人类与环境的协调发展。

人类社会在不同的历史阶段和不同的国家及地区，有各种不同的环境问题。因而，环境保护工作的目标、内容、任务和重点，在不同国家和不同的时期是有区别的。

当前，我国环境保护的任务是调控发展与环境之间的关系。即在促进经济稳步发展的同时，运用各种措施（包括行政的、法律的、经济的、教育的、科学技术的）保护自然环境和自然资源，防治环境污染和控制生态破坏，提高环境质量，创造生态健全的工作和生活环境。

2. 世界环境保护工作的里程碑

促进环境科学与环境保护发展的比较重大的事件，主要是 1972 年 6 月 5 日在瑞典斯德哥尔摩举行的联合国人类环境会议与 1992 年 6 月在巴西里约热内卢举行的世界环境与发展大会。我国首次派代表参加了斯德哥尔摩的人类环境会议。58 个国家的 152 位专家编写了《只有一个地球》一书，为人类环境会议提供了背景资料。为唤起世人的觉醒，会上把每年的 6 月 5 日定为“世界环境日”，并建议成立联合国环境规划署（UNEP）。

1992 年举行的世界环境与发展大会，有 183 个国家代表团、70 个国际组织的代表出席了会议，102 位国家元首或政府首脑亲自与会。这是第二次世界大战结束以来参加国最多的一次会议，是人类环境与发展史上影响深远的一次盛会。这次会议的主要成果是：

（1）通过和签署了五个文件　分别是《里约宣言》、《21 世纪行动议程》、《生物多样性公约》、《气候变化框架公约》和《森林公约》。

（2）普遍提高了环境意识　在 1972 年的会议上，发达国家高喊环境问题的严重性，而发展中国家却大都未予响应，甚至认为环境问题是发达国家的事，而自己面临的是发展问题。但在这次会议上，无论是发达国家还是发展中国家，都认识到环境问题对人类生存和发展的严重威胁。

（3）环境保护与经济发展密不可分的道理被广泛接受　1972 年会议的最大功绩在于唤起世人的觉醒，并在西方国家开始了认真的环境治理。但没有将环境问题与经济和社会发展联系起来，因此找不到解决问题的根本出路。而在这次会议中，环境保护和经济发展相协调的主张已成为共识，并把环境问题与经济发展结合起来研究，探求它们之间的相互影响和相互依托的关系，这是人类认识上的一大飞跃。

思考与讨论：你怎么理解“地球不是我们从父辈那儿继承来的，而是从子孙后代那儿借来的”？

1.3　环境与健康

1.3.1　人体与环境的统一

人体与环境都是由物质组成的。物质的基本单元是化学元素。地球化学家们分析了空气、海水、河水、岩石、土壤、蔬菜、肉类和人体的血液、肌肉及各器官的化学元素含量，发现人体血液和地壳中化学元素的含量具有相关性。例如，人体血液中60多种化学元素的平均含量与其在地壳岩石中的平均含量非常接近。由此看出，化学元素是把人体和环境联系起来的基础。

通常，人体通过新陈代谢不断进行能量传递和物质交换。如人体吸入氧气（O_2），呼出二氧化碳（CO_2）；摄入水和营养物质，又排出汗、尿、粪便等，从而维持人体的生长和发育。正常情况下，人体总是从内部调节自己的适应性，使之与环境保持一种动态平衡关系。如果环境遭到污染，使环境中某些化学元素或物质增多，如汞、铬等重金属或难降解的有机污染物污染了水体或空气，继而污染土壤和生物，再通过食物链侵入人体，在体内累积达到一定量时，就会破坏原有的平衡状态，引起疾病，甚至贻害子孙后代。

总之，人体与环境是相互依存的关系，是不可分割的辨证统一体。环境的好坏，直接影响人类的生活质量和人体的健康与寿命。

1.3.2 环境致病的特点

人类在其发展过程中，逐渐形成了能适应变化的各种生理调节功能。如果环境发生了异常变化，并且超过了人体正常调节功能的范围，则可引起人体某些功能和结构发生异常变化，从而使人患病。通常见到的环境致病因素有物理的，如噪声、振动、电磁辐射等；也有化学的，如各种化学污染物；还有生物的，如细菌、病毒等。

环境发生异常变化导致人体患病一般有以下特点：

(1) 作用时间长　在污染场地工作的人员和在该区域生活的人群，如果长时间接触污染物质，或呼吸污染的空气，或饮用污染的水，或食用污染的食品，就会长期身受其害。

(2) 影响范围广　环境污染涉及的地区广、人口多。如某工厂的污染源可影响到周围的居民区；一个城市的污染源可影响一个地区。有时在一定条件下，污染物还可迁移到较远的地区，如放射性尘埃等。

(3) 作用机理复杂　污染物进入环境之后，一般可经过大气、水体等稀释、扩散。但由于污染物种类繁多，且与多种因素有关，不仅可通过理化和生化作用发生转化、代谢、降解、富集而单独产生危害，也可联合产生危害。

(4) 低浓度累积危害　长时间低浓度的污染物作用于人体，对人群健康的潜在性危害不能低估。如矿物燃料的燃烧和某些化工企业排放的芳烃化合物，均与城市肺癌死亡率增加有关。

(5) 多途径进入体内　大气中的污染物一般通过呼吸进入肺部，再通过毛细血管进入血液，随血液循环分布到全身，产生毒害。水体和土壤中的污染物则通过消化系统危害人体。有些环境污染物还可通过汗腺、毛孔或皮肤伤口被人体吸收。如汞、砷、苯、有机磷化合物可经皮肤吸收，随血液循环分布全身。

1.3.3 环境污染对人体健康的危害

环境污染对人体健康的危害大致可分为急性中毒、慢性中毒、致畸作用、致癌作用四种。

1. 急性中毒

急性中毒发生在某些特殊条件下，如外界气象条件突变、工厂在生产过程中发生事故造成有毒气体或液体泄露等，会引起人群的急性中毒。例如，震惊世界的伦敦烟雾事件、美国的联合炭化物公司在印度博帕尔市的农药厂剧毒气体外泄事件等。

2. 慢性中毒

人体长期连续地摄入低浓度污染物质，会导致慢性中毒。如二氧化硫、飘尘、氮氧化物等即使含量较低也能刺激呼吸系统，诱发呼吸道的各种炎症。发生在日本的“水俣病”、“骨痛病”、“四日市哮喘病”等都是慢性中毒的典型例子。

3. 致畸作用

致畸作用是指环境污染物在母体怀孕期内，影响胚胎发育和器官分化，使子代出现先天性畸形的作用。日本的水俣湾地区曾经出现过不少畸形儿，他们中有的头很小、智力低下；有的视网膜上脉络缺损；有的患多种畸形，这些都是孕妇吃了含甲基汞的鱼所引起的。有些放射性物质能引起眼睛白内障和小头症等畸形症状。随着环境污染的加重，胎儿的先天畸形率呈上升态势。这些畸形儿不仅给家庭带来很大苦恼，给国家和社会造成负担，同时也降低了人口质量。

4. 致癌作用

致癌作用是一个相当复杂的过程。化学物质的致癌作用一般有两个阶段：一是诱发阶段，即在致癌物作用下引发基因突变。二是促长阶段，主要是突变细胞改变了遗传信息的表达，致使突变细胞和癌变细胞增殖成为肿瘤。人类常见的八大癌症有 4 种在消化道（食管癌、胃癌、肝癌、肠癌），2 种在呼吸道（肺癌、鼻咽癌），因此癌症的预防重点是空气与食物的污染。尤其应预防苯并［α］芘、亚硝胺、黄曲霉素三大强致癌物的危害。

1.3.4 居住环境与健康

人一生中大约有 2/3 的时间是在室内度过的。舒适的室内环境有利于人们进行良好的工作、学习、生活和休息。合理的室内高度、清洁的空气、适宜的温度和良好的采光，可以使人有舒适感。

从卫生学和建筑学等角度看，人均居住容积应在 $20 \sim 25m^3$。室内容积过小会使空气污染物含量增高，直接影响人体健康。

1. 居室污染源

（1）生活燃料产生的有害物质　随着人居基础设施水平的提高，城乡生活燃料气化率也有较大提高，由燃料产生的有害物质相对减少了。但是，除了燃料燃烧造成污染外，煎炒过程中油烟等污染物还会聚集在不通风或通风不良的厨房中。据抽样监测表明，厨房内一氧化碳、二氧化碳、二氧化硫、苯并［α］芘的含量大大高于室外大气中的最高值，以石油液化气为能源的厨房更为严重。因此，在厨房中安装排油烟设备是必要的。

（2）装修材料中产生的有害物质　居室在装修中使用各种涂料、板材、壁纸、粘贴剂等，它们大多含有对人体有害的有机化合物，如甲醛、三氯乙烯、苯、二甲苯、酯类、醚类等。当这些有害物质经呼吸道和皮肤侵入肌体及血液循环中时，便会引发气管炎、哮喘、眼结膜炎、鼻炎、皮肤过敏等。所以，房屋装修后最少要通风十几天再住。另外，这些有毒物质在很长时间内仍能释放出来，经常注意开窗通风是非常必要的。

（3）吸烟产生的有害物质　吸烟是一种特殊的空气污染，害己又害人。据有关资料介绍，全世界每年死于与吸烟有关的疾病的人数达 300 万，吸烟已成为世界上严重的公害。

在我国吸烟的危害尤其严重，不但吸烟人数逐年增加，而且为数不少的青少年也沾染了吸烟恶习，使品行和学习都受到了影响。据估计我国约有近3.2亿吸烟者，如不认真控烟，到2030年我国每年将有170万中年人死于肺癌。

烟草的化学成分十分复杂。吸烟时，烟叶在不完全燃烧过程中将发生一系列化学反应，所以在吸烟过程中产生的物质多达4000余种。其中有毒物质和致癌物质，如尼古丁、烟焦油、一氧化碳、3、4-苯并芘、氰化物、酚醛、亚硝胺、铅、铬等，对人体健康危害极大。

每吸一支香烟，吸烟者约能吸入有害物质的1/3，其余随烟雾飘逸到空气中，强迫别人甚至胎儿被动吸烟。吸烟已被医学界列为导致肺癌的肯定因素。长期吸烟者的肺癌发病率比不吸烟者高10~20倍，喉癌、鼻咽癌、口腔癌、食道癌也高出3~5倍。

(4) 家用电器和建筑材料的辐射

1) 电磁波和射线：越来越多的现代化设备、家用电器的使用，在室内除产生空气污染、噪声污染外，电磁波及静电干扰，以及射线辐射等都给人们的身体健康带来不可忽视的影响。

长期受低度的电磁波辐射，中枢神经系统会受到影响，产生许多不良生理反应，如头晕、嗜睡、无力、记忆力减退等，还可能对心血管系统造成损害。电视屏幕和电脑显示器可发出X射线。长时间大剂量的X射线可使细胞核内的染色体受到损害，可能引起孕妇流产、早产；也可能导致胎儿中枢神经系统、眼睛、骨骼等畸形。

2) 放射性辐射：主要来自氡。氡是一种天然放射性气体，无色、无臭、无味，很不稳定，容易衰变为人体能吸收的同位素。氡能在呼吸系统滞留和沉积，破坏肺组织，从而诱发肺癌。据统计，水泥、瓷砖、大理石等可使室内氡的含量高达室外的2~20倍。

(5) 其他污染物放出的有害气体　杀虫剂、各种蚊香、灭害灵等的主要成分是除虫菊酯类，其毒害较小。但也有的含有机氯、有机磷或氨基甲酸酯类农药，毒害性较大，长期吸入会损害健康，并干扰人体的荷尔蒙。

2. 居室污染的预防

防止室内污染，一是要控制污染源，减少污染物的排放，如装修时选用环保材料；二是应经常通风换气，保持室内空气新鲜。应特别指出，使用空调的房间由于封闭，会使二氧化碳含量增高，使血液中的pH值降低。在这样的环境中长时间逗留，人们会感到胸闷、心慌、头晕、头痛等。同时，空调器内有水分滞留，再加上适当的温度，一些致病的微生物如绿脓杆菌、葡萄球菌、军团菌等会繁殖蔓延。空调器也就成了疾病传播的媒介。因此，最好定时清洁空调器，还要注意适当通风。

3. 室内空气质量标准

室内空气质量标准（IAQ）的概念是在20世纪70年代后期一些西方发达国家出现的。我国第一部《室内空气质量标准》于2003年3月1日正式实施，该标准的特点为：①国际性。我国制定的这个标准引入了国外关于室内空气质量的概念，并借鉴了相关标准。②综合性。室内环境污染的控制项目不仅有化学性污染，还有物理性、生物性和放射性污染。化学性污染物质中不仅有人们熟悉的甲醛、苯、氨、氡等污染物质，还有可吸入颗粒物、二氧化碳、二氧化硫等13项化学性污染物质。

思考与讨论：如果你的生存环境遇到侵扰或破坏，你该如何维护自身的环境权益？你在维护自身环境权益的同时，应该怎样维护他人的环境权益？

本章小结

一、环境与环境问题

1. 环境是指围绕着人群的空间及其中可以直接、间接影响人类生存和发展的各种自然因素的总体。按范围分类，环境可分为聚落环境、地理环境、地质环境和宇宙环境。

2. 环境问题是指由于环境质量所发生的种种变化对人类的生产、生活和健康产生一系列影响的问题。第一类环境问题又称原生环境问题；第二类环境问题又称次生环境问题。环境问题既是经济问题，也是社会问题。

二、环境科学与环境保护

1. 环境科学是以人类为中心、生态系统为其特定的研究对象，研究生态系统的发生与发展、调节与控制以及改造与利用的科学。

2. 环境保护就是运用现代环境科学的理论和技术，在更好地利用自然资源的同时，认识环境污染和环境破坏的原因与危害，预防环境质量的不断恶化，控制环境污染和环境破坏，促进人类与环境的协调发展。

三、环境与健康

1. 人体与环境都是由物质组成的。人体与环境是相互依存的关系，是不可分割的辨证统一体。环境的好坏，直接影响人类的生活质量和人体的健康与寿命。

2. 环境致病的特点：作用时间长、影响范围广、作用机理复杂、低浓度累积危害、多途径进入体内。

3. 环境污染对人体健康的危害大致可分为急性中毒、慢性中毒、致畸作用、致癌作用四种。

4. 防止室内污染，一是要控制污染源，减少污染物的排放；二是应经常通风换气，保持室内空气新鲜。

思考与实践

1. 什么是第一类和第二类环境问题？

2. 世界环境日是哪一天？

3. 环境污染致病的特点是什么？污染对人体健康的危害主要有哪些？

4. 简述室内污染产生的原因和预防措施。

5. 通过本章的学习，你对环境保护的认识有什么提高？

6. 你的身边存在哪些主要环境问题？你打算怎么做？请制定个人环保规划并认真实行。

7. 参加一个环保网站，成为其会员。

8. 查阅自然环境的详细论述。

9. 查阅目前地球环境状况。

注：所有作业和报告通过 E-mail 发给老师，尝试无纸教学。

参考书与相关网站

1.《只有一个地球》（［美］芭芭拉·沃德 勒内·杜博斯 著）http：//www.epman.cn/book/earth/one _ eaarth.htm

2.《寂静的春天（SILENT SPRING）》（R. 卡逊（Rachel Carson）著 吕瑞兰 译）http：//www.booksea.com/wg/qt/k/kaxun/jijing

3.《增长的极限（THE LIMITS TO GROWTH）》（［美］丹尼斯·米都斯 等著）

4.《中国环境报》

5. 国家环境保护总局 http：//www.sepa.gov.cn

6. 中国环保网 http：//www.ep.net.cn

7. 中华环境保护基金会 http：//www.cepf.org.cn

8. 中国环保产业网 http：//www.cepi.com.cn

9. 中国环保设备网 http：//www.goepe.com

10. 中国环保商务网 http：//www.ep168.com

11. 中国环保商情网 http：//www.china-epa.com

第2章　生态环境及其保护

内容提要： 生态学是研究生物与环境之间相互关系及其作用机理的科学。现代生态学的发展越来越把人放在中心的位置。人口增长所引起的环境问题和资源问题，使生态学研究从以生物为研究主体发展到对人类生态系统的研究，成为环境科学的理论基础。本章着重介绍生态系统、生态平衡、生态环境及其保护。

学习要点： 掌握生态学的基本概念和生态系统的构成，深刻认识生态平衡的重要性，提高对生态环境的保护意识，养成保护野生动、植物的良好品质。

由于近代人类对自然不合理的开发和利用，使生态环境发生了一系列变化；由于人类不同程度地改变了某些生态系统的结构和功能，破坏了生态平衡，严重地影响了某些生物种类的正常生长、发育和繁殖，直接或间接地危害到人类本身，因此生态环境问题引起了现代人的高度重视，生态学也应运而生。

2.1　生态系统

2.1.1　生态系统的概念

1. 种群

一个生物物种在一定范围内的个体总和称为种群。例如，所有的桂花树是一个种群，所有的东北虎也是一个种群。

2. 群落

生活在一定区域内的所有种群组成群落。生物群落是指在一定空间内生活在一起的各种植物群落、动物群落和微生物群落的集合体。例如，在四川九寨沟地区内生活的所有种群（鱼、松树、细菌……）组成了九寨沟地区的群落。

3. 生态系统

系统是由各自独立又相互联系、相互作用的组分构成的统一整体。生态系统是指生物群落与其周围非生物环境的综合体。也就是说，生态系统是生物成分（如动物、植物和微生物）和非生物成分在一定时间和空间范围内的组合。自然界中生态系统多种多样，大小不一。湖泊、河流、海洋、森林、高山、平原、城市、矿区等，都可以构成各自的生态系统。在一个大的生态系统中又包含无数个小的生态系统。如果我们把地球上所有生存的生物和周围环境条件看作一个整体，那么这个整体就称为生物圈。换句话说，生物圈是地球上最大的生态系统，其余的生态系统都是构成生物圈的基本功能单元。图2-1是一个简化了的陆地生态系统。

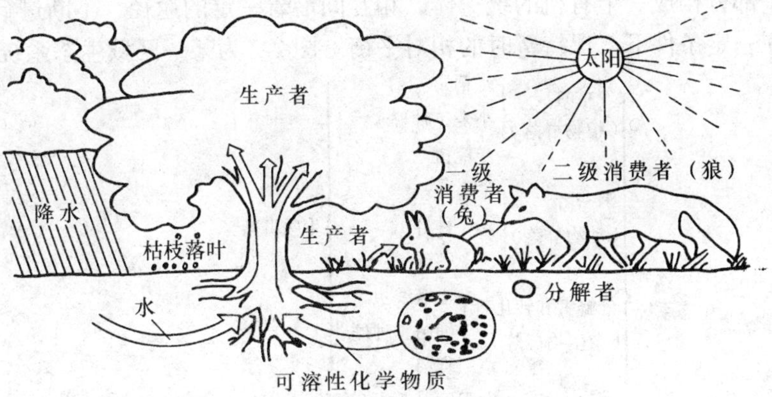

图2-1　一个简化了的陆地生态系统

生态系统虽然有大和小、简单和复杂之分，但都具有以下共同特性：

(1) 相互作用　在生态系统中，各种生物彼此之间以及生物与非生物环境之间相互作用，不断进行着物质循环、能量流动和信息传递。

(2) 具有自我调节功能　生态系统受到外力的破坏，在一定限度内可以自行调节和恢复。系统内物种数目越多，结构越复杂，自我调节的能力越强。

(3) 是一种动态系统　任何生态系统都有其发生和发展的过程，经历着由简单到复杂，从幼年到成熟的进化阶段。因此，生态系统是处于动态的。

2.1.2　生态系统的组成

1. 生产者

生产者又叫自养生物，主要指绿色植物，还有一些能进行光合作用的菌类，以及一些利用化学能把无机物转变为有机物的自养微生物。生产者利用太阳能或化学能，把无机物转化为有机物，这种转化不仅是生产者自身生长发育所必需的，同时也是满足其他生物种群以及人类的食物和能源所必需的。生产者是生态系统中食物链的基础。在生物圈内使生产者保持相当的数量和生产量有着巨大的意义。

2. 消费者

消费者又称异养生物，是指食用植物的生物或相互食用的生物。消费者主要指动物，又可分为一级消费者（食草动物），如牛、羊、兔等；二级消费者（食肉动物），如狼、老虎、狐狸等。在生态系统的物质循环和能量转化过程中，消费者是一个极为重要的环节。

3. 分解者

分解者又称还原者，指各种具有分解能力的微生物（细菌、真菌、线虫），也包括土壤原生动物和一些小型脊椎动物。分解者在生态系统中的作用是把动物、植物尸体分解成简单的化合物，重新供生产者利用，在生态系统中起着“自净”的作用，十分重要。

4. 无生命物质

无生命物质指生态系统中的各种无机物、有机物和各种自然因素，如太阳光、水、大气、岩石、泥沙等。

以上四个部分构成一个有机的统一体，相互间沿着一定的途径，不断进行物质与能量的交换，并在一定条件下，保持暂时的相对平衡。图 2-2 为某一区域生态系统的组成。

- 某一区域生态系统
  - 生物群落
    - 生产者（植物群落）
      - 水稻
      - 小麦（种群）
      - 洋槐树
    - 消费者（动物群落）
      - 牛
      - 马（种群）
      - 虎
    - 分解者和转化者（微生物群落）
      - 土壤线虫
      - 细菌（种群）
      - 真菌
  - 无生命物质
    - 太阳辐射（能源）
    - 二氧化碳、氧气、水、无机盐（生物代谢材料）
    - 水、大气、土壤（媒介）
    - 岩石、砂、泥土（基质）

图 2-2 某一区域生态系统的组成

思考与讨论：以你所处的校园环境生态系统为例，简要说明其组成。

2.1.3 食物链和食物网

1. 食物链

一切生物为了维持生命都必须从外界摄取能量和营养，以这种能量和营养的联系而形成的各种生物之间的链索关系称为食物链。食物链上的每一个层次称为营养级。例如，绿色植物在阳光下进行光合作用，把无机物转化为有机物贮存在体内，而后绿色植物为草食动物所食，草食动物又为肉食动物所食，逐级传递能量和营养，构成食物链。

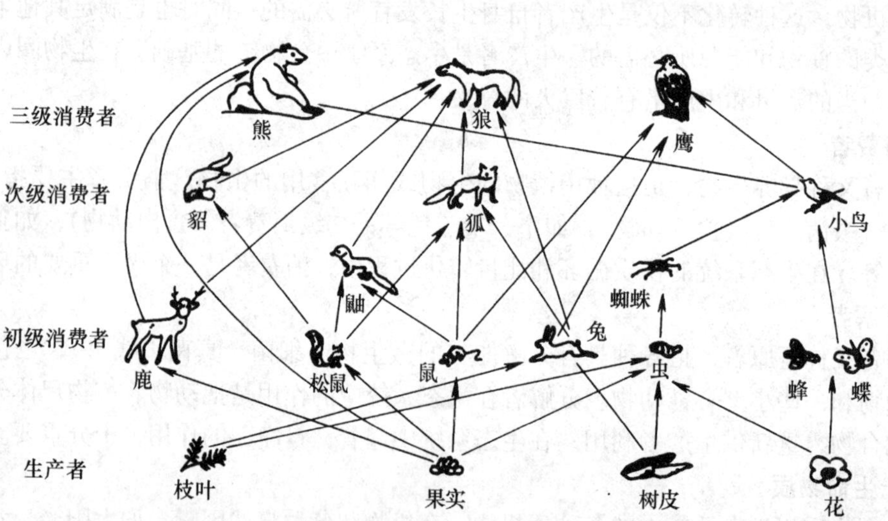

图 2-3 温带落叶林中的食物网

2. 食物网

各个食物链之间并不是彼此分离的，田间的野鼠可以吃好几种植物的种子，而野鼠也是好多种肉食动物的捕食对象。每一种肉食动物都能以多种动物为食，由此可见，各个食物链还会彼此交织在一起，相互联系成网，也就是说，食物链上每一个环节总是和其他食物链相联系，并且由此而引起复杂的供养关系组合，我们称之为食物网。图 2-3 为温带落叶林中的食物网。

当能量沿着食物链流动时，其转移效率是很低的。下面营养级所贮存的能量只有大约 10% 能够被其上一个营养级所利用，其余大部分能量被消耗在该营养级的呼吸作用上，以热量的形式释放到大气中去。这在生态学上被称为 1/10 定律。图 2-4 所示生物链金字塔和能量金字塔就是这条定律的说明。

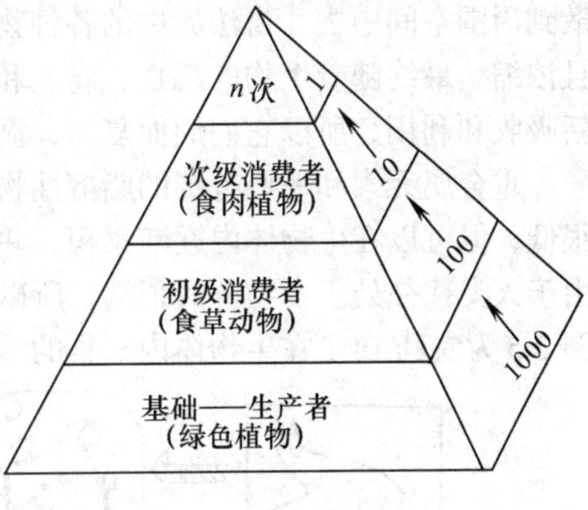

图 2-4 生物链金字塔和能量金字塔

3. 食物网的稳定性

所谓稳定是指在一个稳定的环境里，生物总数（种群所有个体的数目）大体保持一个恒量。越是复杂的食物网，越是趋于稳定。因为食物网中某个环节（物种）缺失时，其他相应环节能起补偿作用。相反，越是简单的食物链越容易出现波动。

现在我们来讨论一个只有两种生物的食物链的情况。食物链为

A ⟶ B
被捕食者 捕食者

如果 A 种群开始减少，因食物不足将引起 B 种群个体数目的下降；当 B 种群减少时，由于捕食者的缺乏又将引起 A 种群的突然增加。这样捕食者的食物来源又丰富起来，B 种群也将随着增长。在捕食者增加的地方又使得 A 种群再度减少。比如，我国的珍贵动物大熊猫只爱吃箭竹，当箭竹开花大面积死亡时，就导致了大熊猫种群的减少。

对于稍微复杂一些的食物网，情况就不一样了。假设食物网结构为

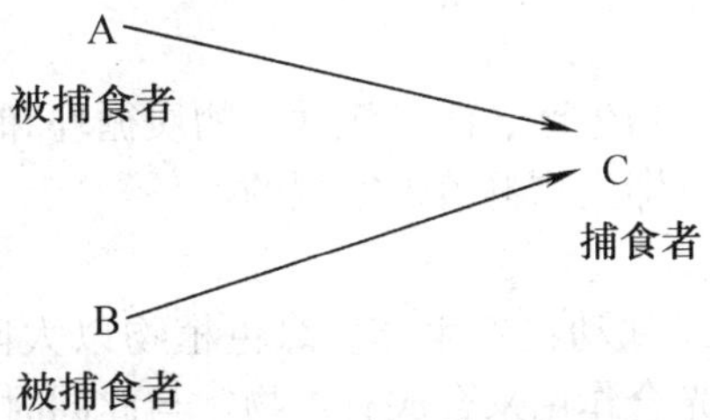

如果 A 种群数量减少，C 种群会改食 B 种群而使 A 种群的数量得以恢复，而不至于使生态平衡受到严重的破坏。例如，当草原上的野鼠锐减时，原来以捕鼠为食的猫头鹰不会因此而发生食物危机，因为鼠类减少以后，草类就大量繁殖起来，繁茂的草类可以给野兔的生长和繁殖提供良好的环境，野兔的数量开始增多，猫头鹰也把捕食对象转移到野兔上。

除了个别特例，大量的事实证明了多样性导致稳定性的规律，并由此得出一个结论：即食物网中所包含的生物种类越多，与物种相连接的食物链的环节越多，所构成的生态系统越稳定。

4. 食物链在生态系统中的作用

食物链在生态系统中起着重要的作用。从太阳能开始，自然界的能量经过绿色植物的固定，沿着食物链和食物网流动，最终由于生物的代谢、死亡和分解，以热的形式逐渐扩散到周围空间中去。自然界中的各种物质，经过植物摄取，再沿着食物链和食物网移动并且浓缩，最终随着生物的死亡、腐烂和分解返回无机自然界。由于这些物质可以被植物重新吸收和利用，所以它们周而复始，循环不已。

重金属元素和一些有毒的脂溶性物质，性质稳定，难以分解。虽然起初在环境中含量很低，但可以在生物体内逐渐累积，并通过食物链逐级放大，这一现象被称为富集作用。由于人类往往处于食物链的顶端，所以有毒物质沿食物链浓缩后，最终受害的将是人类。图 2-5 为农药 DDT 在生物体内富集的示意图。

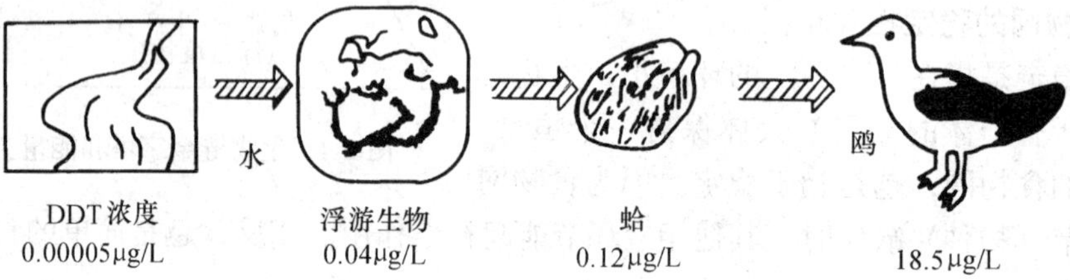

图 2-5　农药 DDT 在生物体内富集示意图

研究食物链的组成及其量的调节是非常重要的。例如，野生动物的保护，就必须明确该环境内动植物间的营养关系，注意食物链中量的调节，才能使野生动物种群得以稳定和保存，否则将会破坏自然界的平衡与协调，使该地区的生物群落发生异常改变。

思考与讨论：试析下面两句话所包含的生态学原理：

□大鱼吃小鱼，小鱼吃虾米，虾米吃滋泥（浮游动植物）。

□落花不是无情物，化作春泥更护花。

2.1.4　生态系统的功能

生态系统的基本功能是生物生产、能量流动、物质循环和信息传递，它们是通过生态系统的核心——有生命部分，即生物群落来实现的。

1. 生物生产

生物生产包括植物性生产和动物性生产。绿色植物以太阳能为动力，以水、二氧化碳、矿物质等为原料，通过光合作用来合成有机物。与此同时，又把太阳能转变为化学能贮存于有机物之中，这样就生产出了植物性产品。动物采食植物后，经动物的同化作用，将采食得来的物质和能量又转化成自身的物质和潜能，使动物不断繁殖和生长。植物性生产为初级生产，而动物性生产为次级生产。

2. 能量流动

生态系统中的全部生命活动所需要的能量几乎均来自太阳。热力学第一定律指出，能量可以从一种形式转变为另一种形式，在转换过程中不会消灭，也不会增加，即能量守恒。热力学第二定律指出，能量总是沿着从有序到无序、从集中到分散、从能量高到能量低的方向传递的，在传递的过程中又总会有一部分成为无用的能消散。太阳能向地面流动时，也是遵循这些规律的。进入大气层的太阳能大约是81.17kJ/(m^2·min)，其中30%被反射回去，20%被大气吸收，只有50%左右到达地面。生态系统中的能量流动具有下述几个特点：

(1) 生产者对太阳能的利用率很低　利用的能量大约只占辐射到地面上的太阳能的1%左右。绿色植物利用这一部分太阳能进行光合作用，制造的有机物每年大约为(1500～2000)×10^8t。这是提供给消费者的物质。

(2) 能量的流动是单一方向的，是不可逆的　因为能量以光能的形式进入生态系统后，不可能再以光能的形式回到环境中去，而是以热能的形式逸散于环境中。绿色植物不能用热能进行光合作用，食草动物从绿色植物所获得的能量也不能再返回到绿色植物。由此可见，生态系统只能不断地从太阳辐射摄取能量，这就是我们常说的“万物生长靠太阳”的原因。

(3) 能量沿着生产者和各级消费者的顺序逐渐减少　在能量流动的过程中，总能量的一部分被生物呼吸所消耗，剩下的则为净产量。生态系统中的能量关系可用公式表示为

$$P_n = P_g - R$$

式中，P_g表示食物链某营养级的总产量（或相当于输入的能量）；R表示呼吸作用所消耗的能量（或相当于作功的能量），P_n表示该营养级的净产量（或相当于能量贮存）。净产量中一部分供下一层次食用（即下一营养层次的总产量），其余作为食物供人类收割或狩猎。研究表明，各营养级自身呼吸所消耗的能量（R）均占其总产量（P_g）的56%～84%，即各级净产量（P_n）只有总产量的16%～44%。

(4) 各级消费者之间的能量利用率不高　如图2-4所示，能量在沿着绿色植物→食草动物→一级食肉动物→二级食肉动物逐级流动的过程中，大约9/10的能量损失掉了。因此，生态系统的营养级一般不超过5级。

(5) 生产的能量与消耗的能量相平衡　只有当生态系统生产的能量与消耗的能量相平衡时，生态系统的结构和功能才能保持动态平衡。

3. 物质循环

自然界的植物、动物、微生物，包括人类在内，都是由运动着的物质构成的。没有不运动的物质，也没有离开物质的运动。在生态系统的各个组成部分之间，不断进行着物质循环。

绿色植物不断地从环境中吸收各种化学营养元素，将简单的无机分子转化成复杂的有机分子，用以建造自身。当食草动物采食绿色植物时，植物体内的营养物质就转入到食草动物体内。同样，当食肉动物捕食食草动物时，食草动物体内的营养物质就转入到食肉动物体内。当植物、动物死亡后，它们的残骸和尸体又被微生物（还原者）分解，并将复杂的有机分子转化为简单的无机分子归复于环境，以供绿色植物再吸收，进行再循环。因此，我们可以这样设想：你现在吸入肺部的一个氧分子，昨天可能是一棵松树中糖分子的组成部分，而更早的时候，它又可能是海洋中水分子的组成部分。正是由于生态系统中存在着连续不断的物质循环，我们所居住的地球，至今仍然清新活跃、生机盎然。

碳、氢、氧、氮、磷、硫是构成生命有机体的主要物质，占生物有机体组成的97%以上，也是自然界中的主要元素。因此，这些物质的循环是生态系统基本的物质循环。锰、锌、铜、钴、钼、镁、钾、碘等生物需要的微量元素以及钙，在生态系统中也构成了各自的循环。现在我们来讨论生态系统中碳和氮的循环。

（1）碳循环　碳是构成生物体的基本元素，约占生物总质量的25%。在无机环境中，碳主要以二氧化碳（CO_2）和碳酸盐的形式存在。碳循环与以下两个化学反应方程式有关

$$6CO_2 + 6H_2O \rightleftharpoons C_6H_{12}O_6 + 6O_2 \tag{2-1}$$

$$CO_2 + H_2O + CaCO_3 \rightleftharpoons Ca(HCO_3)_2 \tag{2-2}$$

式（2-1）的正反应是植物通过光合作用把空气中的CO_2、水等无机物变为葡萄糖等有机物质的过程；逆反应表明了动植物的呼吸过程，在呼吸过程中有机物质内所含碳元素又以CO_2的形式返回大气。动植物死亡后，通过还原者的分解也会将碳元素以CO_2的形式返回大气之中。再有就是动植物长期埋于地下形成化石燃料，人类再燃烧化石燃料也会使碳元素进入大气。

式（2-2）的正反应是石灰岩与CO_2、水反应形成可溶性的碳酸氢盐，碳酸氢盐随江河流向海洋，或者就在陆地上分解又形成碳酸盐。

综上所述，自然界的碳循环是大气中的CO_2被陆地和海洋中的植物吸收，然后通过生物或地质过程以及人类活动，又以CO_2的形式返回大气之中。碳循环示意图如图2-6所示。

（2）氮循环　氮存在于生物体、大气和矿物质中。在大气中氮的体积分数为79%，氮气很稳定，不能直接被植物利用。大气中的氮进入生物有机体主要有四种途径：一是生物固氮，即通过豆科植物的根瘤固定大气中的氮；二是工业固氮，即通过人造氮肥供植物利用；三是岩浆固氮，即火山爆发喷发的岩浆可以固定一部分氮；四是大气固氮，即雷雨时通过放电作用可使氮气氧化，进而形成硝酸盐，经雨水带入土壤，再被植物吸收。在植物体内经过复杂的生化反应，氮元素可形成氨基酸，再由氨基酸构成蛋白质。消费者在取食过程中把蛋白质摄入体内。通过新陈代谢，

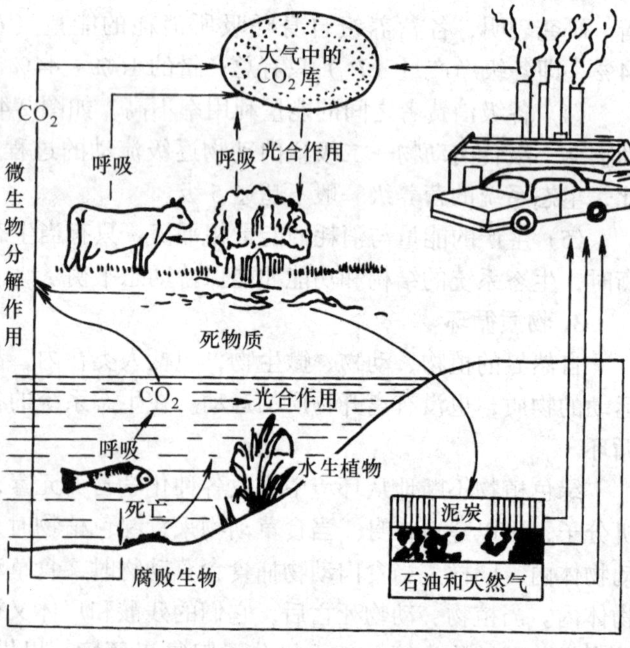

图2-6　碳循环

蛋白质分解生成尿素，排入土壤。动植物尸体的腐解也会将蛋白质分解为氨、二氧化碳

(CO_2）和水。土壤中的氨形成硝酸盐，一部分被植物利用，一部分在反硝化细菌作用下，分解成氮气，返回大气，完成了氮循环（如图 2-7 所示）。

4. 信息传递

在生态系统的各组成部分之间及其内部，存在着各种形式的信息，通过这些信息可以把生态系统联系成一个统一的整体。生态系统中的信息形式主要有物理信息、化学信息、营养信息和行为信息。

（1）物理信息　鸟鸣、兽吼、颜色和光等构成了生态系统的物理信息。鸟鸣、兽吼可以传达惊慌、安全、恫吓、警告、嫌恶、有无食物和求偶等各种信息。大雁迁飞时，中途停歇，总会留有一名哨兵担任警戒，一旦哨兵发现敌情，会向同伴传达出警告的信息。

（2）化学信息　生物在某些特定条件下，或某个生长发育阶段，会分泌出某些特殊的化学物质，这些分泌物对生物不提供营养，但在生物的个体或种群之间起着某种信息的传递作用，构成了化学信息。如，蚂蚁留下自己的分泌物，以便同伴跟随；猫、狗通过排尿标记自己的行踪及活动区域。

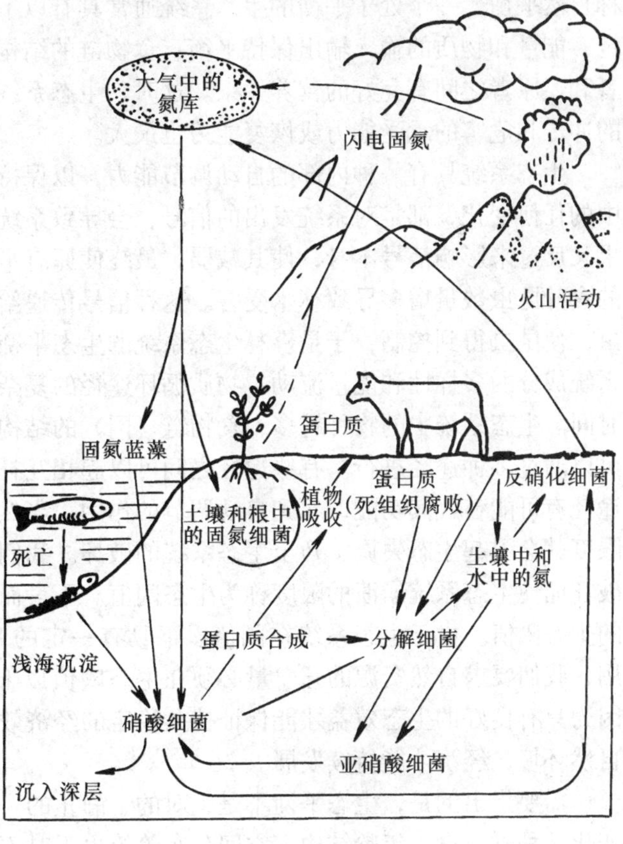

图 2-7　氮循环

（3）营养信息　通过营养交换的形式，把信息从一个种群传递给另一个种群，即为营养信息。食物链（网）即是一个营养信息系统。以草本植物、鹌鹑、鼠和猫头鹰组成的食物链为例，可表示为：当鹌鹑数量较多时，猫头鹰大量捕食鹌鹑，鼠类很少被害；当鹌鹑较少时，猫头鹰转而大量捕食鼠类。这样，通过猫头鹰对鼠类的捕食，向鼠类传递了鹌鹑数量多少的信息。

（4）行为信息　有些动物可以通过自己的各种行为方式向同伴们发出识别、威吓、求偶和挑战等信息。丹顶鹤在求偶时，雌雄双双起舞。萤火虫发光是求偶信息。尽管现代科学水平对自然界的“对话”之谜尚未完全解开，但这些信息对种群和生态系统调节的重要意义，是完全可以肯定的。

2.2 生态平衡

地球环境各要素之间的平衡是地球环境亿万年来发育的结果。保持这种平衡是维护生命的必须条件，破坏这种平衡就是破坏生命的基础。

2.2.1 生态平衡的概念

生态系统中不断进行着能量和物质的交换和转移，形成了能量和物质的连续流动。在一个正常的生态系统中，它的结构和功能，包括生物的种类，各种群的数量和比例以及能量和物质的输入输出，都处于相对稳定的状态，这种相对稳定的状态被称为生态平衡，又称自然平衡。一个处于平衡的生态系统通常具有以下特征：生物种类的组成和数量相对稳定；能量和物质的输入输出保持平衡；食物链的结构复杂而形成食物网；在生产者、消费者和还原者之间有完好的营养关系。这时，生态系统内的各种量值达到最大，而且对外部的冲击和危害的承受能力或恢复能力也最大。

生态系统具有一种内部的自动调节能力，以保持自己的稳定性。物质循环和能量流动中的任何变化，都是对系统发出的信号，会导致系统向进化或退化的方向变化。变化的结果又反过来影响信号本身，使其减弱，最终使原有平衡得以保持。例如，某一森林系统中的食叶昆虫数量增多导致林木受害。这种信号传递给食虫鸟类，促使其大量繁殖，捕食昆虫，使昆虫得到控制，于是森林生态系统的生态平衡得以恢复。这种调节能力有赖于生态系统成分的多样性和能量流动、物质循环途径的复杂性，同时也取决于外部作用的强度和时间。生态系统中的物种越多，食物链（网）的结构也就越复杂，能量流动和物质循环就可以通过多种途径进行。有些途径之间可以起相互补偿的作用。一旦某个途径受阻，其他途径有可能替代其功能，起到自动调节的作用。当然这种调节作用是有限度的，超过这个限度就会引起生态失调，乃至生态系统的破坏。我们将在一定外界压力下，生态平衡遭受破坏而使生态系统崩溃的限度称为生态阈值。不言而喻，调节能力大的生态系统具有较高的生态阈值。由于生态系统在阈值以下具有一定的调节能力，为了自然资源的可持续利用，我们要求自然资源的开发量必须在生态阈值以下，即生态效益与经济效益应当统一。因为只有良好的生态效益才能保证持久稳定的经济效益；只有合理地利用自然资源并保护自然环境，经济才能持续发展。

需要指出的是，生态平衡不是绝对的、静止的。生物系统与非生物系统经常在运动和变化；种群数量、年龄结构、空间分布等等也无时不在变化之中。另外，在自然状态下平衡的生态系统并不一定是最优生态系统。如荒漠中的生态系统，尽管它维持了较长时间的稳定，但生产量很低，这就需要人类在周密调查、获得科学资料的前提下，对它加以改变，引进新的物种，增加生物的产量。

2.2.2 影响生态平衡的因素

1. 自然因素

主要指自然界发生的异常变化或自然界本来就存在的对人类和生物有害的因素，如火山爆发、水旱灾害、地震、台风等自然灾害。

2. 人为因素

主要指人类对自然资源的不合理利用及盲目发展生产带来的环境污染等问题。这些人为因素影响生态系统的结构与功能，引起生态平衡的破坏。主要有以下三种情况：

（1）物种成分的改变　当人类使生态系统中的某一物种消失或引进某一物种时，都有可能出现这种情况。如澳大利亚原本没有兔子，引进之后食其肉用其皮毛，可谓一举两得。殊不知在澳大利亚没有兔子的天敌，致使兔子大量繁殖，遍及田野，滥吃草木，牛羊失去牧场，水土流失严重，生态平衡遭到严重破坏，后来不得不引进一种兔子的传染病，才控制了"兔子危机"。

(2) 环境因素的改变　随着工农业生产的迅速发展，产生了大量污染物质，如含有磷、氮元素的污水，它们进入水体会使藻类迅速繁殖，大量藻类的出现会使水中的鱼类因缺氧而窒息死亡，从而引起生态平衡的失调。

(3) 信息系统的破坏　在生态系统中，某些动物在生殖时期雌性个体会排出一些性激素。当人们排放到环境中的某些污染物破坏了这些性激素，使其丧失了引诱雄性个体的作用时，就会破坏这种动物的繁殖，使生态平衡受到影响。

总之，生态平衡的破坏，往往出自人类过分地向自然索取，或对生态系统的复杂机理知之甚少而盲目采取行动。

这里应当指出，"保持生态平衡"不能误解为永远保持自然的原始状态而不允许改造。为了满足日益增长的人口生活上的需要，发展生产是必需的，因而对自然不触动是根本不可能的。但必须强调的是，每一个生态系统对来自外界的干扰都有一个忍耐限度。人类对自然的干预不能超过这个限度，否则，就会引起生态平衡的破坏，不仅自然环境和自然资源遭到破坏，而且生产也不能持续发展。

思考与讨论：试列举你身边破坏生态平衡的现象，并谈谈你打算怎么做。

2.3 生态环境保护

2.3.1 生态危机

生态危机是指由于人类的盲目活动而导致局部地区、甚至整个生物圈结构和功能的破坏，从而威胁到人类的生存。

早在20世纪30年代，美国由于盲目开垦西部地区，使草原植被遭到严重破坏，连续发生了三次"黑色风暴"。其中最严重的一次是1934年5月9日~11日，黑色风暴以$100km \cdot h^{-1}$的速度，从美国西海岸一直刮到东海岸，卷走3亿t土壤，毁坏了数千公顷良田，黑色风暴所到之处，昏天黑地，人们不得不蒙上纱巾，防止沙尘通过口鼻和体内，美国对西部草原的盲目开垦，受到了尘土风暴的无情袭击和报复。

我国当前生态平衡遭到破坏的情况也非常严重。从南到北，很多河流和湖泊都受到污染，由于森林、植被受到破坏，全国水土流失面积已经多达$18 \times 10^8 m^2$，仅黄河和长江两条大河，每年流入海洋的泥沙就多达20亿t，这些泥沙如果用火车装运，车长可绕赤道两周。如果站在南京长江大桥眺望一下滚滚东去的长江水，就会为长江是否会变成第二条黄河而担忧。事实上，长江水含沙量已经越来越接近黄河。

2.3.2 生态学在环境保护中的应用

生态学不仅是一门解释自然规律的科学，也是一门为国民经济服务的科学。

1. 全面考察人类活动对环境的影响

处于一定时空范围内的生态系统，都按照一定规律进行着能量流动和物质循环，只有顺应并利用这些自然规律来改造自然，即在不违背生态学一般规律的前提下发展生产，才能既产生最大的经济效益，又保持生态环境的最佳状态。我国三峡工程从论证到建设，充分说明了上述认识的重要性。

2. 对环境质量进行生物监测和评价

环境质量的监测手段，目前主要还是化学监测和仪器监测。它们的监测速度虽快，但也存在一些弱点，例如，限于经济和设备条件而难以及时全面地获取数据。生物监测在某种程度上可以弥补这些不足。生物监测就是利用生物对环境中污染物质的反应来判断环境污染状况的一种手段。例如，利用植物叶片受污染后的伤害症状来对大气污染进行监测和评价；用地衣和苔藓做成植物监测器，定时定点地对大气污染进行监测。水体污染程度也可以利用水生生物进行监测和评价。

3. 充分利用生态系统的调节功能

生态系统具有不同程度的自净能力，其中被污染的环境介质，如大气、水体、土壤等，都可以依靠本身的自净能力（如水体自净、植树造林、土地处理系统等）减轻污染程度或恢复正常状态。我们应尽量有目的地、广泛地利用这种自净能力来防治环境污染。如防治病虫害，要充分利用天敌，其中洞庭湖区利用蜘蛛防治水稻的虫害就是一个实例。

2.3.3 保护生物多样性

1. 生物多样性的涵义

生物多样性是大自然物种拥有程度的笼统术语，通常含有三个不同的层次：基因（或遗传）多样性，物种多样性和生态系统多样性。生态系统的多样性是物种和遗传多样性的基础，物种多样性是基因多样性的载体和体现。

生物多样性资源是大自然恩赐于人类最宝贵的财富，是人类赖以生存和实现可持续发展必不可少的基础，不仅具有巨大的经济价值、科学价值，还具有无法用金钱衡量的生态价值。

2. 保护生物多样性的措施

生物多样性的保护要求在遗传、物种和生态系统三个层次上都得到保护。保护的重点应是生态系统的完整性和珍稀濒危物种。

保护生物多样性，可以从以下三方面入手：

（1）就地保护　就地保护就是以建立自然保护区的方式将有价值的自然生态系统和野生生物及其生活环境保护起来。自然保护区是近代人类为保护生态环境和自然资源，面对生态破坏挑战的一大创举，是人类文明进步的象征。自 1872 年美国建立面积达 $9000km^2$ 的黄石国家公园至今，全球已经建立各类自然保护区 8000 多个，面积达 $700 \times 10^4 km^2$，占全球土地面积的 5.2%。这些自然保护区保护了一大批具有重要意义的生态系统和珍稀濒危物种。

（2）迁地保护　迁地保护就是通过人为努力，把野生生物物种的部分种群迁移到适当的地方加以人工管理和繁殖，使其种群能不断有所扩大。迁地保护的主要方式是建立动物园、植物园及各种引种繁殖设施。我国已经建立了 40 个动物园和 100 多个植物园。近年来，我国还建立了很多珍稀动植物养护基地或人工繁殖场。

(3) 离体保存　离体保存是利用现代技术，特别是低温技术，把生物体的一部分进行长期贮存，以保存物种的种子。常用的方法是建立植物种子库、动物细胞库等。世界各地的种子库中登记入库的植物种子样本已达 200×10^4 个。

应当指出，保护生物多样性是我们每一个公民的责任和义务。善待众生首先要树立良好的行为规范，不参与乱捕滥杀、乱砍滥伐的活动，拒吃野味，还要广泛宣传保护物种的重要性，坚决同破坏物种资源的现象作斗争。

思考与讨论：12月29日是“国际生物多样性日”。试查询相关网站或有关资料，再列举3~5个与环境有关的世界日。

本章小结

一、生态系统

1. 生态系统是生物成分（如动物、植物和微生物）和非生物成分在一定时间和空间范围内的组合。自然界中生态系统多种多样，大小不一。

2. 生态系统的组成包括生产者、消费者、分解者和无生命物质。

3. 一切生物为了维持生命都必须从外界摄取能量和营养，以这种能量和营养的联系而形成的各种生物之间的链索关系称为食物链。食物链上的每一个层次称为营养级。各个食物链还会彼此交织在一起，相互联系成食物网。

4. 生态系统的基本功能是生物生产、能量流动、物质循环和信息传递。

二、生态平衡

1. 在一个正常的生态系统中，它的结构和功能，包括生物的种类、各种群的数量和比例以及能量和物质的输入输出，都处于相对稳定的状态，这种相对稳定的状态被称为生态平衡，又称自然平衡。

2. 影响生态平衡的人为因素主要有三种情况：物种成分的改变、环境因素的改变、信息系统的破坏。

三、生态环境的保护

1. 生态危机是指由于人类的盲目活动而导致局部地区、甚至整个生物圈结构和功能的破坏，从而威胁到人类的生存。

2. 生态学在环境保护中的应用主要有：全面考察人类活动对环境的影响、对环境质量进行生物监测和评价、充分利用生态系统的调节功能。

3. 生物多样性是大自然物种拥有程度的笼统术语，通常含有三个不同的层次：基因（或遗传）多样性，物种多样性和生态系统多样性。保护生物多样性的措施主要有就地保护、迁地保护、离体保存。

思考与实践

1. 举例说明种群、群落的含义。

2. 试述生态系统的组成及特点。
3. 什么是生物富集作用?
4. 在生态系统中能量是如何流动的? 能量流动有何特点?
5. 简述保护生物多样性的理由。你打算采取哪些实际行动来保护生物多样性?
6. 影响生态平衡的因素有哪些? 为保护生态平衡我们应该怎么做?
7. 举例说明生态学在环境保护中的应用。
8. 城市生态环境与自然生态环境有何不同?
9. 调查你居住地的生态环境如何，写出调查报告。

参考书与相关网站

1.《生态学杂志》，国内刊号：CN 21-1148/Q
2.《生态科学》，国内刊号：CN 44-1215/Q
3.《生物多样性》，国内刊号：CN 11-3247/Q
4.《城市生态乡村生态》，ISBN：7100034825（［法］克洛德·阿莱格尔　著）
5. 中国环境生态网 http://www.eedu.org.cn
6. Trends in Ecology & Evolution http://www.trends.com
7. Ecology & Society　http://www.consecol.org
8. 国家科学数字图书馆/资源和环境科学信息门户 http://www.resip.ac.cn

第3章 大气污染及其防治

内容提要：空气是人类和其他一切生命有机体一刻也不能缺少的生存条件。本章就有关人为污染方面的问题进行一些讨论，如大气污染源、污染物及其危害等，同时也简略介绍一些控制大气污染的基本原则和技术措施。

学习要点：了解大气的组成、结构和作用，深刻认识大气污染的危害，增强对大气保护的意识。

围绕着地球的大气层，不仅保护地球上的生物免遭外层空间各种有害因素的袭扰，而且通过自身的热量调节功能，为人类提供了适宜的温度条件，大气还通过自身的运动，完成了地球上生态平衡所必需的循环过程。

3.1 大气

3.1.1 大气的成分

大气在常温条件下是无色、无臭、无味的，是多种气体和水蒸气组成的混合物，其组成可分为恒定组分、可变组分和不定组分。

恒定组分是指大气中含有的氮、氧、氩和微量的氦、氖、氪、氙等，其中氮、氧、氩三种气体共占大气总量的99.6%，这一组分的体积分数在近地层大气中是基本恒定的。

可变组分是指空气中的二氧化碳和水蒸气等，其含量往往受地区、季节、天气变化和人类生产生活活动的影响而变化。

不定组分主要指烟尘、硫氧化物、氮氧化物等大气污染物及有毒气体。它们一部分来源于自然界的变异，如火山爆发、地震、森林火灾等；但主要还是由于人类社会的工业化生产、人口密集、城市布局不合理和环境管理不善等人为因素产生的。

大气中除水汽、液体和固体杂质外的混合气体称为干洁空气。其组成见表3-1。

表3-1 干洁空气的组成

气体成分	体积分数(%)	气体成分	体积分数(%)
氮(N_2)	78.09	氦(He)	5.24×10^{-4}
氧(O_2)	20.94	氪(Kr)	1.0×10^{-4}
氩(Ar)	0.93	氢(H_2)	0.5×10^{-4}
二氧化碳(CO_2)	0.03	氙(Xe)	0.8×10^{-4}
氖(Ne)	18×10^{-4}	臭氧(O_3)	0.01×10^{-4}

3.1.2 大气层的结构

自地面向上，大气层可以延伸到数千千米的高空。在大气层中气体的分布是不均匀的，其质量的99%集中在距地球表面29km以下，越高空气越稀薄。根据人造卫星的探测，在2000~3000km的高空，地球大气的密度已经与星际空间的密度非常接近，这个高度可看作是地球大气的上界。

根据大气层中大气在垂直高度上的温度变化情况及大气组分状况，自下而上，可将大气分为五层（见图3-1）。

（1）对流层　紧贴地面的大气层叫对流层，平均厚度约为12km，这里集中了大气总质量的75%和水蒸气的90%。有以下三个主要特征：

1）气温随高度的升高而降低。对流层由于和地面接触，可从地面得到热量，使得大气温度随高度的增加而降低。平均而言，每上升100m，气温下降约0.65℃。到对流层顶部，气温可降到-50℃以下。

2）空气对流运动显著。对流层上冷下热，有利于空气的对流运动。由于地球表面存在地形和纬度等差别，下层的气温在水平方向也存在很大差异，因而在水平方向上也有对流运动。强烈的对流运动使高层和低层、近处和远处的空气得以交换。大气污染物的迁移与转化主要发生在这一层。

3）天气现象复杂多变。由于该层直接与地表接触，尘埃、微生物、水蒸气进入空气形成扬尘、飞沙和雨、雪、云、雾等天气现象，所以它对人类生产和生活影响最大。

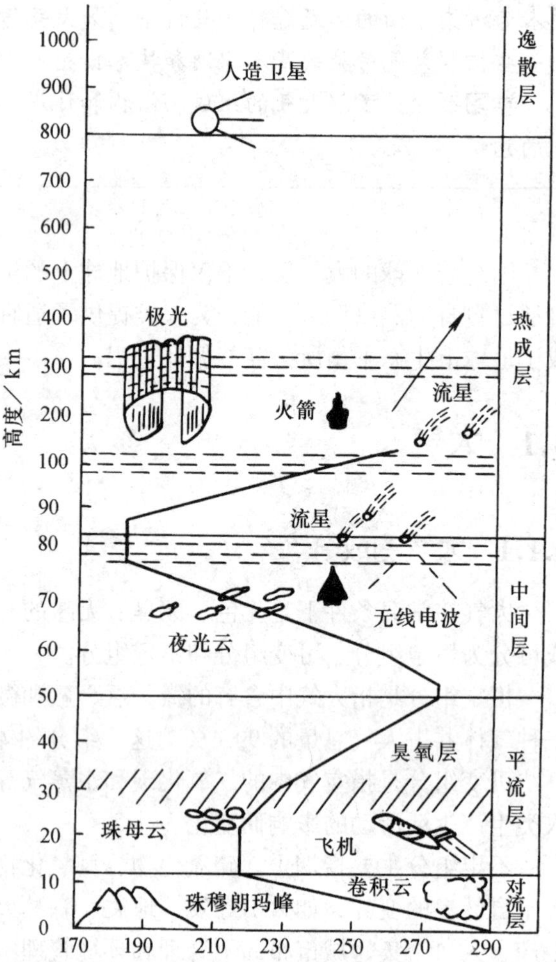

图3-1　大气层结构示意图

（2）平流层　自对流层顶到50km左右高空是平流层。这一层的特点是：

1）温度随着高度的增加而上升。该层气温最初保持不变或微有上升，到25km以上，气温升高显著。这种“逆温”特点是由于该层存在臭氧层（15~35km处，厚度约20km）的缘故。臭氧层能够阻止和吸收太阳的紫外线及外层空间各种宇宙射线的辐射作用，使地球上的生命体免受损害，温度也由-50℃增至-3℃以上。

2）由于上热下冷，气流垂直运动微弱，只有水平方向的流动。所以污染物一旦进入该层，就可长时间滞留，且易造成大范围以至全球性的影响。

3）水汽杂质含量极少，因此，云雨很难形成。大气平稳，天气晴朗，对高空航天飞行有利。

（3）中间层 平流层顶部到80km左右高空为中间层。该层的特点是：气温随高度的增加而迅速下降，顶部气温可降至-100℃，因为这一层几乎没有臭氧；且存在相当强烈的垂直运动。

（4）热成层（电离层） 位于中间层顶部至800km高度，该层的特点是：

1）由于空气十分稀薄，气体分子在射线作用下发生电离，成为原子、离子和自由电子，故该层也称电离层。电离层能将电磁波反射回地球，对全球的无线电通信具有重大影响。

2）由于电离后的氧能强烈地吸收太阳的短波辐射，使温度随高度增加而迅速上升，在该层的顶部气温可达1400℃以上。

（5）逸散层（外逸层） 800km高度以上的大气层统称为逸散层。本层是大气圈与星际空间的过渡地带。这一层的大气极其稀薄，地心引力微弱，加之温度高，空气粒子运动很快，所以气体质点经常逸散至宇宙空间。据宇宙火箭探测的资料，由电离气体组成的非常广阔而又极其稀薄的大气层（称为地冕），一直延伸到离地面22000km高空。这说明大气圈是逐渐过渡到星际空间的。

思考与讨论：大气中的可变组分、不定组分各指哪些物质？

3.2 大气污染

大气污染是指大气中污染物质的含量超过大气的正常含量，且持续的时间足以对人、生物、物品、气候产生不良影响和危害的现象。大气污染物主要通过三条途径危害人体：一是人体表面接触后受到伤害；二是食用含有大气污染物的食物和水中毒；三是通过呼吸系统吸入空气污染物后患上疾病。

3.2.1 大气污染源

因为人类活动产生的大气污染源主要有以下几个方面：

（1）工业污染源 工业企业如火力发电厂、钢铁厂、水泥厂、化工厂、金属冶炼厂等在生产过程中向大气中排放污染物。它是大气的主要污染源。

（2）交通污染源 汽车、火车、飞机、船舶等排放污染物的交通运输工具。交通污染源分散、流动、数量多。

（3）生活污染源 由于居民及服务行业烹饪、取暖、沐浴等生活上的需要，在燃烧各种燃料时，向大气排放污染物的污染源。

（4）农业污染源 农业生产中喷洒农药、燃烧废弃秸秆，渔业、畜牧业生产废弃物腐烂等。

3.2.2 大气污染物

污染大气的物质称为大气污染物。其中由污染源直接排入大气的物质叫一次污染物，也称原发性污染物。一次污染物与空气中原有成分发生反应，或污染物之间反应而产生一系列新的污染物称为二次污染物，又称继发性污染物，其物理、化学性状与一次污染物不同。

现将几种主要大气污染物的来源及其危害简介如下。

（1）含硫化合物　大气中的含硫化合物主要有 SO_2、SO_3、H_2S、H_2SO_4 及其盐等，它们主要来源于煤（含硫的质量分数为 0.5% ~ 0.6%）和石油（含硫的质量分数为 0.5% ~ 3.0%）的燃烧、冶金厂和硫酸厂排放的废气。

SO_2 是最重要的大气污染物，全世界每年排放的含硫化合物约 4×10^8t，其中 SO_2 就有 1.5×10^8t。我国以煤为主要燃料，加之燃烧技术落后，是排放 SO_2 最多的国家之一。因此，我国城市的大气污染类型属于典型的煤烟型大气污染。

SO_2 在大气中可通过多种途径转化为 SO_3，进而转变为 H_2SO_4 和硫酸盐。

SO_2 具有窒息性，对人的呼吸系统有强烈的刺激作用，使患支气管炎、肺炎和肺癌的几率明显上升。当大气中烟尘含量增高时，粉尘表面对 SO_2 的氧化反应起催化作用，反应式为

$$2SO_2 + O_2 = 2SO_3$$

产生的 SO_3 又极易与大气中的水汽形成硫酸雾，它对人体的危害性更大。在干燥的空气中 SO_2 的含量（体积分数）达 800×10^{-6}时，人尚可忍受。如果形成硫酸雾，含量仅 0.8×10^{-6}即可严重威胁人的生命。1952 年 12 月 5 日那场使 4000 人丧生的“伦敦烟雾事件”，就是由于 SO_2 和雾滴、烟尘协同作用而造成的。

（2）氮氧化物（NO_x）　造成大气污染的氮氧化物主要是 NO 和 NO_2，它们主要来自矿物燃料的高温燃烧（汽车及其他内燃机）、生产和使用硝酸的工厂所排放的尾气、金属冶炼等。

NO 为无色无味气体，具有生理刺激作用，能与血红素结合形成亚硝基血红素，从而破坏血红蛋白的生理功能，引起中毒。

NO_2 有特殊的臭味，可严重刺激呼吸系统，并使血红素硝化，危害性比 NO 大。NO_2 与水蒸气作用可生成 HNO_2 和 HNO_3，是“酸雨”的成分。NO_2 还是形成“光化学烟雾”的主要因素之一。

（3）碳氧化物（CO_x）　主要有 CO 和 CO_2。其中 CO 是矿物燃料不完全燃烧的产物，主要来源于汽车排放的尾气。城市空气中 CO 的含量与交通流量成正比。交通高峰期，大城市交通道口 CO 的含量（体积分数）可达 $5\times10^{-5}\sim1\times10^{-4}$，而且行车速度越低，燃料燃烧越不完全，汽车尾气中 CO 的含量越大。

CO 极易与血红蛋白结合（亲和力是氧气的 200 ~ 300 倍），使其丧失携氧能力。CO 含量（体积分数）低时（10×10^{-6}）可使人慢性中毒，当含量（体积分数）达 1×10^{-2}时，会导致人窒息死亡。

（4）碳氢化合物（HC）　自然界中的碳氢化合物主要来源于生物的分解。人为造成的碳氢化合物污染，主要是燃料不完全燃烧和有机物的蒸发，其中以汽车尾气最为突出。

甲烷能与大气中的羟基、原子氧或氧分子发生光化学反应而转变成 CO；其他碳氢化合物（特别是不饱和烯烃类）会导致光化学烟雾的形成。

（5）颗粒物（尘埃）　主要来源于矿物燃料的燃烧、矿石烧结、水泥工业和金属冶炼。

按尘埃在重力作用下的沉降特性，可将其分为降尘和飘尘。降尘（如煤粉尘和灰尘）的颗粒直径大于10μm，可以较快沉降；飘尘（如烟雾）颗粒直径小于10μm，可以长期漂浮在空气中。

颗粒物对大气的污染越来越受到人们的重视，其原因主要有以下几点：

1）颗粒物中有许多致癌、致畸、致突变的物质，因此它们进入人的呼吸系统后所造成的危害比一般气体污染物要严重得多。

2）颗粒物能吸收和散射阳光，增加大气的浑浊度，还会影响降雨和气候。

3）可与某些气体污染物作用形成危害更大的二次污染，如酸雾。

（6）光化学烟雾　光化学烟雾的主要成分有臭氧（体积分数为85%）、过氧乙酰基硝酸酯（即PAN，体积分数为10%）、高活性自由基、醛和酮等。它们是在一定条件下（如日照强烈的季节和逆温气候条件），由NO_2和碳氢化合物经过一系列光化学反应形成的二次污染物。由于光化学反应及其产生的NO，HC，O_3之间的协同作用，使其污染危害远超过这些污染物的单独作用。

20世纪40年代，美国加利福尼亚州洛杉矶首次发现光化学烟雾。20世纪50年代以来，光化学烟雾污染事件在美国其他城市和世界各国相继出现，如日本、加拿大等国的一些大城市都发生过。1974年以来，我国兰州西固石油化工区也出现过光化学烟雾污染现象。近年来乡村地区也有光化学污染迹象。

光化学烟雾成分复杂，但是对动物、植物和材料有害的主要是臭氧、PAN、醛、酮等二次污染物。人受到的主要伤害是眼睛和粘膜受到刺激、头痛、呼吸障碍、慢性呼吸道疾病恶化、儿童功能异常等。1995年，美国洛杉矶因为光化学烟雾一次就死了400多人；而植物受到臭氧的损害，开始表皮褪色，呈蜡质状，经过一段时间后色素发生变化，叶片上出现红色斑点。PAN使叶子背面呈银灰色或古铜色，影响植物的生长、降低植物对病虫害的抵抗力。臭氧、PAN等还能造成橡胶制品老化、脆裂，使染料褪色，并损害涂料、纺织纤维和塑料制品等。

思考与讨论：查阅当地城市空气质量报告，指出主要污染物是哪些？

3.2.3　全球性的大气污染问题

大气污染发展至今已超越国界，其危害遍及全球。对全球大气的影响明显表现为三个方面：一是全球气候变暖，二是臭氧层破坏，三是酸雨腐蚀。

1. 全球气候变暖

（1）气候变暖的原因　一般来说，地球气候系统与外层空间保持着大致的热平衡。大气中的二氧化碳（CO_2）等气体对来自太阳的短波辐射具有较高的透过性，但对地面反射出来的长波具有高度的吸收性，这些气体吸收地面反射的红外辐射，并截留在大气中，使地表面平均能量发生改变，大气层和地球表面变得暖和起来，这就是“温室效应”。

适度的大气温室效应对于人类及地球上的生物是有益的。而人们所谓的“温室效应”问题，是指由于大气污染所造成的大气中温室气体含量增多，致使大气温室效应增强，从而导致气候更暖，并引起一系列环境问题。大气中能产生温室效应的气体已经发现近30种，其中CO_2起主要作用，甲烷、臭氧、一氧化二氮等气体也起一定的作用。

19世纪工业革命以来，大气中CO_2含量在不断增加，原因是：

1）人类燃烧各种燃料直接排入大气中的CO_2量逐年增加。人类越来越多地从地球上获取大量的化石燃料作为能源。资料显示，过去100年矿物燃料的使用量几乎比以往增加了30倍。人类通过化石燃料的燃烧，约把4.15×10^{11}t的CO_2排入大气，结果CO_2的含量增加了15%，据计算，这将使全球平均气温上升0.83℃，而此数字与百年来全球气温升高的记录接近。目前排放CO_2总量处在前四位的国家依次是美国、中国、俄罗斯、日本。四国的排放量几乎占全球排放总量的一半。

2）人们的乱砍滥伐，使可以吸收CO_2的森林大面积减少。人类为追求短期利益，大量地砍伐森林，当森林被破坏以后，原来以有机形式贮存起来的碳被氧化成CO_2，释放到大气中，使CO_2的含量升高。因此，人为因素是造成全球变暖的主要原因。

据科学家预言，人类如不采取果断和必要的措施，按照目前的发展速度，到2050年，大气中CO_2的含量将比工业革命前增加一倍，达到550×10^{-6}以上，全球气温因此升高1.5～4.5℃。变暖速度是过去100年的5～10倍。

（2）气候变暖的影响　温室效应已经或将给人类带来各种环境问题。其主要影响如下：

1）气候变化：全球气候变暖会使降水量重新分配。在北半球，冬天变短、变湿，夏天变长、变干旱；亚热带可能会比现在更干旱，而热带则可能更湿，海洋产生更多的热量和水分，气流更强，热带风暴的能量比现在大50%，台风和飓风将会更凶，更具破坏性。

2）海平面上升：气温升高会使极地和高山上的冰川融化，导致海平面上升。美国国家环保局发表的研究报告称，如果温室气体继续按目前的情况释放，估计到2050年，海平面将上升0.1～0.4m，到2100年将上升0.6～2.0m。海平面的上升将使一些沿海地区的城市、城镇、乡村面临被海水淹没的危险，还会导致海水倒灌、排洪不畅、土地盐渍化等后果。

3）生态变化：气候变化将使农业和自然生态发生难以预料的变化。气候的变化可能使全球稻米、小麦和大豆等粮食增产，但酷热将使热带的其他作物减产。这会使更多的人遭受自然灾害带来的饥谨，尤其是发展中国家遭受打击最大。降雨时间和区域的改变将减少一些地区的地表径流量，从而减少全球的天然淡水资源。

全球气温升高还将对其他自然资源产生影响。由于气候变化十分迅速，包括湿地、热带雨林、热带草原在内的自然生态系统难以适应。可用于放牧的草原将退化，沙漠的扩展将不可逆转。已经适应特定气候条件的动植物将逐渐灭绝。暖湿的气候将使蚊虫大量繁衍，导致疟疾、黄热病和登革热病等传染病肆虐。危害人类的登革热病菌通常只在较温暖的海拔1000m以下的地方繁殖，现在，在海拔2200m的哥伦比亚也能找到，中美洲的一些山峰长期以来一直是这种病菌的传播障碍，现在由于山上变得越来越暖而失去这种功能。

（3）气候变暖的控制　要控制全球气候变暖，就必须控制大气中CO_2的含量。为此，首先要尽量节约或减少化石燃料的使用量，提高燃料的热效率，大力开发利用新能源，改变能源结构。其次，必须控制和制止乱砍滥伐森林，提倡生物资源的可持续利用，大力开展植树造林，发挥森林对CO_2很强的吸收作用。有人估计，仅仅为了21世纪维持目前大气中CO_2的释放量，就需要营造相当于法国领土面积的森林。这两项主要措施没有全人类的共识和自觉行动是无法实现的。

思考与讨论：2005年2月16日，举世瞩目的《京都议定书》正式生效。请查阅相关资料说明《京都议定书》的重要意义。

2. 臭氧层破坏

(1) 臭氧层破坏的原因 臭氧（O_3）是一种淡蓝色、有臭味的气体，是大气的微量成分之一。从地面5~10km的高度开始，臭氧层的含量不断增加，在平流层（距地面20~30km）含量达到最高，即所谓臭氧层（见图3-2）。

O_3在地面上有不少的危害，例如产生光化学烟雾和破坏许多一般物质，然而在高空，它能够吸收和阻挡紫外线的辐射，从而起到保护地球的作用。

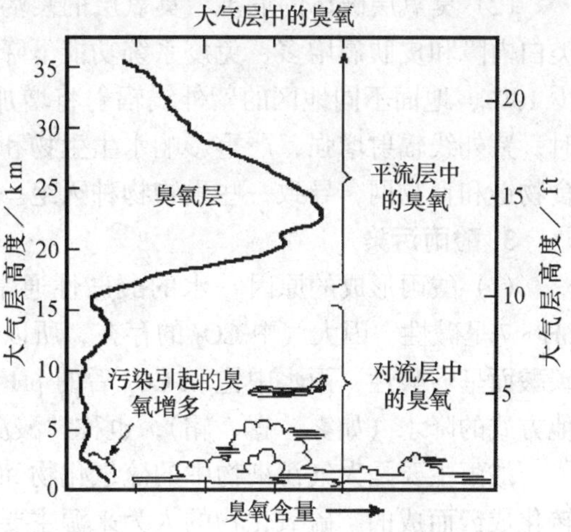

图3-2 大气层中的臭氧

随着现代科学技术和工农业的发展，远在12km以外的高空也被污染。近十余年的研究表明，污染物对臭氧层的影响至少涉及150个化学反应，其中影响最大的有两类。

1) 氮氧化物的作用：在平流层飞行的超音速飞机、核爆炸都可能产生大量的NO_x。NO在平流层中与O_3和O（O_2受光分解而来）发生链式反应

$$NO + O_3 \longrightarrow NO_2 + O_2$$

$$NO_2 + O \longrightarrow NO + O_2$$

$$总反应为：O_3 + O \longrightarrow 2O_2$$

在此循环反应中，NO和NO_2都起着催化剂的作用，反应的净结果是消耗了氧原子和氧分子，这是臭氧层可能遭受破坏的重要机理之一。

2) 氟利昂类的作用：氟利昂（freons）是氟氯烃的总称。氟氯烃类化合物包含20多种物质，它的用途十分广泛，主要用于空调、冰箱、冷藏库的制冷剂；电子元件、精密器件的清洗剂；泡沫塑料生产的发泡剂；发胶、摩丝等美容制品及杀虫剂中的发泡剂、喷雾剂等。它们具有很高的稳定性，有可能一直上升到平流层，在紫外光作用下分解。例如

$$CF_2Cl_2 \xrightarrow{紫外光} Cl + CF_2Cl$$

Cl原子在高空中是分解O_3的一种强催化剂。在它的作用下，O_3分子和O原子被转化为普通的O_2分子，反应式为

$$Cl + O_3 \longrightarrow ClO + O_2$$

$$ClO + O \longrightarrow Cl + O_2$$

$$总反应为：O_3 + O \longrightarrow 2O_2$$

据监测，1978—1987年全球臭氧层中臭氧的含量（体积分数）平均下降了3.4%~3.6%，在南极上空出现了巨大的臭氧空洞。至1999年9月，空洞面积达$2.155\times10^7km^2$，比10年前扩大了2/3。2002年南极上空的臭氧空洞面积已达$2.4\times10^7km^2$，比欧洲的面积

还大一倍。同年，美国、加拿大、日本、中国、前苏联、西欧等国家组成的考察队对北极臭氧层进行了为期6周的考查，结果发现，北极也出现了臭氧空洞，其面积为南极的1/5，此后观测发现全球臭氧都呈现减少的趋势。如横跨美国、加拿大、日本、中国、前苏联、西欧等广阔地带大气层中的臭氧减少了1.3%～3%。与此同时，我国上空的臭氧含量下降了6%。根据专家预测，在未来100年，高空臭氧含量还将大幅度降低。

（2）臭氧层破坏的危害　臭氧层的衰竭使紫外光对地球的辐射强度增大，由此引起人类白内障和皮肤癌增多、免疫系统功能下降。科学家估计，如果臭氧层中的臭氧的含量减少10%，地面不同地区的紫外线辐射将增加19%，皮肤癌发病率将增加15%～25%；同时，紫外线辐射增强，严重影响水生生物和农作物的正常生长，将打乱生态系统中复杂的食物链和食物网，导致一些生物物种灭绝。

3. 酸雨污染

（1）酸雨形成的原因　水的酸碱性通常用pH表示，pH=7呈中性，pH<7呈酸性，pH>7呈碱性。因大气中CO_2的存在，所以即使是清洁的雨水，也会因CO_2溶于其中形成碳酸而呈弱酸性，雨水中饱和CO_2后的pH为5.6。因此，酸雨是指pH<5.6的雨雪或其他方式的降水（如雾、露、霜），也称“酸沉降”。

酸雨主要是大气污染物中的硫氧化物和氮氧化物在一定气象条件下通过排放、迁移、转化成云而成的。硫氧化物的人为来源主要是煤炭、石油等化石燃料的燃烧，金属冶炼以及含硫原料的工业生产等。其中煤炭、石油在燃烧过程中排放的二氧化硫（SO_2）数量最大，约占人为排放的90%。而燃料中的含氮物质在燃烧时会生成氮氧化物。

（2）酸雨的危害　酸雨作为一个环境问题大约出现在20世纪50年代。那时，美国东部和欧洲的部分地区就存在酸雨的危害。到了20世纪60年代后期，酸雨的范围扩大了，并且在北欧的瑞典、丹麦等国出现了明显的酸雨危害。20世纪70年代以后，酸雨迅速蔓延到几乎所有国家。1950—1972年期间，欧洲SO_2的排放量增加了2倍，雨水的酸度每年平均以10%的速度增加，雨水的pH一般在4.0～4.5左右。美国对15个州的河流与湖泊的检测表明，17%的河流与20%的湖泊由于酸化而处于危险状态。前苏联西部地区的雨水的pH也达到过4.3～4.6。在近5年中，德国酸雨危害面积增加了6倍。酸雨也席卷着亚洲大陆，日本、印度酸雨频降，近年来我国酸雨危害也日趋严重。

酸雨对环境有多方面的危害：①酸雨能造成湖泊、河流水质酸化，鱼类的生长繁殖将受到影响，许多对酸性敏感的水生生物成群消亡。如瑞典9×10^4个湖泊中有2×10^4个已经或正在成为“死湖”，鱼、虾绝迹。加拿大、美国、西欧、北欧等地区也都出现了这种情况。②酸雨破坏土壤结构，使土壤中的养分溶出，土壤酸化和贫瘠，同时也影响土壤中微生物的活性，使土壤生物群发生生态系统混乱，严重危害农作物和其他植物的生长。如欧洲大约$6.5\times10^5km^2$的森林遭到酸雨的危害，德国森林受酸雨危害的面积由1982年的8%扩大至目前的52%；中欧有$1\times10^4km^2$的森林枯萎死亡。③酸雨还严重腐蚀建筑物、工业设备、仪器并危害人体健康。如迄今已有2000多年历史的希腊雅典古城的巴特农神庙，几乎全由洁白的大理石构成，如今已被酸雨溶蚀得斑斑驳驳，面目全非。中国的故宫、天坛等名胜古迹近几十年来因污染而造成的腐蚀比以往数百年还要严重。我国酸雨危害最严重的重庆地区，金属材料被腐蚀的速度大约是非酸雨区的24倍。重庆市的嘉陵江大桥，每年要花大笔的费用维修钢结构，街道两旁的栏杆用不锈钢制作。酸雨雾会刺激人的皮肤，引起哮喘等呼吸道疾病；当土壤或水体的 pH 较低时，一些金属化合物的流动性便会增加，从土壤或沉积物中释放出来的有毒金属通过食物链或饮水也会对人体产生危害。据报导，很多国家由于酸雨的影响，地下水中的铝、铜、锌、镉的浓度已经上升到正常值的 10 ~ 100 倍。被称为“空中死神”的酸雨正在全球各地蔓延，严重威胁着人们的生存。

思考与讨论： 俗话说“春雨贵如油”。但现在很多地区人们对雨水是既盼又忧，为什么？

3.3 大气污染的防治

3.3.1 大气污染的控制

大气污染的控制是一项综合性很强的系统工程。由于影响大气环境质量的因素很多，因此要控制大气环境污染，无论是对一个国家，还是对一个地区或城市，都必须有全面而长远的大气环境保护规划，根据对大气环境质量的要求，抓住主要问题，综合运用各种措施。

1）根据《国家环境保护“九五”计划和 2010 年远景目标》规定，应实现“一控”、“双达标”。“一控”即实施污染物排放总量控制。“双达标”是指所有企业的污染物总量和浓度都要达标排放。

2）调整工业结构，改进生产工艺，实行清洁生产。所谓清洁生产，可以概括为采用清洁的能源和原材料，通过清洁的生产过程，制造出清洁的产品。就是把综合预防的环境政策持续地应用于生产过程和产品中。

3）改善能源结构，开发利用无污染能源（如太阳能、海洋能、风能等），或采用相对低污染的能源（如天然气），以减少污染物的排放。普及使用型煤。烧型煤比烧散煤可节煤 20%，减少烟尘排放量 50% ~ 60%。在型煤中还可添加固硫剂，减少 SO_2 排放量可达 30% ~ 50%。

4）合理布局，综合利用能源，尽量实行区域采暖，集中供热。

5）综合防治汽车尾气和扬尘。针对汽车尾气污染，要改进发动机和尾气排放系统，积极采用污染较低的燃料（如无铅汽油、液化石油气、天然气）。

6）完善城市绿化系统。森林、草地在改善全球性和国土范围内的生态环境中起着重要作用。在城市环境的改善中，绿化功能尤为显著，是其他措施所不能代替的。一定量的树木、花草可以起到吸收有害气体、净化空气中的粉尘、减弱噪声、杀死病菌、调节空气和净化水质等作用，因而有益于居民的健康。

污染空气的有害气体有多种，它们对绿色植物生长不利。但在一定含量条件下，有许多植物对有害气体分别具有吸收能力和净化作用。以 SO_2 为例，煤烟流过绿地后可减少 60%。松林每天可以从 $1m^3$ 空气中吸收 20mg 的 SO_2；每公顷柳树林每天能吸收 $60kgSO_2$。

树木对烟灰粉尘有明显的阻挡、过滤和吸附作用。据报导，公园的粉尘量仅为一般工矿区的 1/6。刺楸、松树、刺槐、臭椿、悬铃木、女贞、泡桐等都有较好的防尘效果。

由于绿地上空空气清新，从而减少了粘附于灰尘上的细菌。另外，许多植物能分泌出杀菌素，因此树木上空的含菌量远远少于其他环境。据法国测定，商场每立方米空气的含菌量高达400万个，树荫道为58万个，公园为1000个，林区只有55个。松林、柏林、樟树林杀菌能力强，悬铃木、雪松、杉木、侧柏等都有一定杀菌能力。

7）强化城市大气环境质量管理。如对大气污染源的监控，实施空气质量的日报或周报，接受公众对环境保护工作的监督。

思考与讨论：“两控区”是指“SO_2 控制区”和“酸雨控制区”。试查阅相关资料指出它们分别指哪些城市。

3.3.2 大气污染的治理

防治空气污染的关键在于控制污染源，在此基础上采取化学、物理等方法进行综合治理。现介绍几种主要的化学方法。

1. 对燃料进行预处理脱硫

例如，硫在煤中主要以 FeS_2 及有机硫化物形式存在。将煤粉碎，经过两次浮选就可除掉90%的无机硫化物，而有机硫则可通过煤的气化、液化或排烟脱硫法作进一步处理。再如，将70%的煤粉和30%的水以及少量化学添加剂制成水煤浆，不仅提高了燃烧值（2t水煤浆相当于1t重油），而且污染轻。硫在重油中多以结构复杂的环状有机物形式存在，可用催化加氢的方法，将其转化为 H_2S 气体，再用石灰水吸收生成 CaS 沉淀，以达到脱硫的目的。

2. 改善燃烧技术

将燃料产生的污染气体控制于燃烧过程中。例如，“流化床燃烧”技术能有效地控制 SO_2 及 NO_x。这种燃烧技术使炉内固体燃料处于流化状况，在较低燃烧温度（850～900℃）和传质、传热效率较高的情况下燃烧，有利于吸附剂（如石灰石）在炉内吸收 SO_2。其主要的化学反应可表示为

$$CaCO_3 \xlongequal{\triangle} CaO + CO_2\uparrow \quad (>800℃)$$

$$CaO + SO_2 \xlongequal{} CaSO_3$$

$$2CaSO_3 + O_2 \xlongequal{} 2CaSO_4$$

此法既可提高燃烧效率，又可减少排气中的 SO_2 和粉尘。我国研制的“烧结多孔脱硫剂”在钙硫比为1.5时，脱硫效率可达90%以上。

3. 废气净化后再排出

1）可用石灰乳法、氨法、碱法或吸附法吸收废气中的 SO_2。石灰乳法是以 $CaCO_3$ 或 $Ca(OH)_2$ 或两者的混合浊液作为吸收剂。烟气除硫后再经除雾和加热通过烟囱排放；吸收液经空气氧化后可得石膏产品。此法流程简单、成本低廉，除硫率可达95%～98%，适用于低浓度废气的除硫。其缺点在于吸收器及管道容易被析出的晶体堵塞。

氨法是以氨水为吸收剂，吸收率可达93%～97%，适用于电厂锅炉烟道气或硫酸厂尾气的处理。此法最后产品为 SO_2 和硫酸铵。当废气（含体积分数为0.9%的 SO_2）在吸收塔内经氨和亚硫酸铵溶液二次逆流吸收后，SO_2 的体积分数可降到0.03%，其化学反应式为

$$SO_2 + 2NH_3 + H_2O = (NH_4)_2SO_3$$

$$(NH_4)_2SO_3 + SO_2 + H_2O = 2NH_4HSO_3$$

$$NH_4HSO_3 + NH_3 = (NH_4)_2SO_3$$

用质量分数为93%的浓硫酸酸化上述吸收液，可得（$(NH_4)_2SO_4$）和高浓度的SO_2气体，其反应式为

$$2NH_4HSO_3 + H_2SO_4 = 2SO_2\uparrow + 2H_2O + (NH_4)_2SO_4$$

$$(NH_4)_2SO_3 + H_2SO_4 = SO_2\uparrow + H_2O + (NH_4)_2SO_4$$

底液含有40%（质量分数）的（$(NH_4)_2SO_4$），经蒸发得到结晶硫酸铵肥料；含量高达95%（体积分数）的SO_2气体冷却至$-10℃$，即可得到液态SO_2，可进一步制成硫酸。

碱法是用NaOH或Na_2CO_3溶液作吸收剂（也可用熔融的Na_2CO_3），其反应式为

$$Na_2CO_3 + SO_2 = Na_2SO_3 + CO_2$$

吸附法是用活性炭、活性氧化铝、五氧化二钒、硅胶及分子筛等作为催化吸收剂，吸附烟气中的SO_2，并使其氧化为SO_3，再制成硫酸。

2）控制和清除NO_x比较困难，目前多采用催化还原法。例如，用甲烷或氢作还原剂，在铂（Pt）的催化下将烟气中的NO_x还原为无害的N_2。在400~500℃的温度，其主要反应为

$$CH_4 + 4NO_2 = 4NO + CO_2 + 2H_2O$$

$$CH_4 + 4NO = 2N_2 + CO_2 + 2H_2O$$

也可用氨为还原剂，在适宜的温度下将NO_x还原为N_2。

我国采用Cu-Cr氧化物系、Fe-Mn氧化物系作催化剂代替贵金属，可使NO_x的转化率达97%以上，基本上可消除废气中的NO_x污染。

按照我国国家环保总局制定的《大气污染防治重点城市划定方案》，“十五”期间大气污染防治重点城市有113个，包括：直辖市、省会城市、经济特区城市、沿海开放城市和重点旅游城市等。这些重点城市应达到大气环境质量标准。为确保完成任务，国家采取的主要措施为：以西气东输、西电东送为契机，加快城市能源结构调整；通过划定高污染燃料禁燃区，推广电、天然气、液化气等清洁能源的使用，减少城市原煤的消耗量，推广洁净煤技术；推行清洁生产，从源头控制污染；通过产业结构调整，采取关停并转措施，淘汰技术落后、能耗高、污染环境的企业，控制工业污染；鼓励企业建立环境管理体系，推广ISO14000环境管理体系认证；强化对机动车污染排放的监督管理；鼓励发展清洁燃料车和公共交通系统；控制交通污染等。

本章小结

一、大气

1. 大气在常温条件下是无色、无臭、无味的，是多种气体和水蒸气组成的混合物，其组成可分为恒定组分、可变组分和不定组分。

2. 根据大气层中大气在垂直高度上的温度变化情况及大气组分状况，自下而上，可将大气分为对流层、平流层、中间层、热成层（电离层）、逸散层（外逸层）五层。

二、大气污染

1. 人类活动产生的大气污染源主要有工业污染源、交通污染源、生活污染源和农业污染源。

2. 污染大气的物质称为大气污染物。其中由污染源直接排入大气的物质叫一次污染物，也称原发性污染物。一次污染物与空气中原有成分发生反应，或污染物之间反应而产生一系列新的污染物称为二次污染物，又称继发性污染物。

3. 大气污染发展至今已超越国界，其危害遍及全球。对全球大气的影响明显表现为三个方面：一是全球气候变暖，二是臭氧层破坏，三是酸雨腐蚀。

三、大气污染的防治

1. 大气污染的控制是一项综合性很强的系统工程。由于影响大气环境质量的因素很多，因此要控制大气环境污染，无论是对一个国家，还是对一个地区或城市，都必须有全面而长远的大气环境保护规划。

2. 防治空气污染的关键在于控制污染源，在此基础上采取化学、物理等方法进行综合治理。

思考与实践

1. 简述大气层结构。

2. 大气污染物主要有哪些？它们对人体有哪些危害？

3. 汽车、飞机的尾气对大气有哪些危害？你认为减少或消除尾气污染的有效途径有哪些？

4. 比较“温室效应”与“阳伞效应”。

5. 试述酸雨对人类的危害。

6. 为保护臭氧层，我们该做些什么？

7. 你所处城市的空气污染属于什么类型？该如何防治？

参考书与相关网站

1.《室内空气质量对人体健康的影响》ISBN：7802092132

2.《城市区域大气环境容量总量控制技术指南》ISBN：7802092167

3.《空气污染对呼吸健康影响研究》ISBN：7801631226

4.《中国温室气体减排技术选择及对策评价》ISBN：7801632028

5.《中华人民共和国大气污染防治法学习材料》ISBN：7801630068

6. 中国科普博览网—大气科学馆 http://www.kepu.ac.cn/gb/earth/weather/sun

7. 国家科学数字图书馆/资源和环境科学信息门户 http://www.resip.ac.cn

第4章　水体污染及其防治

内容提要： 淡水资源短缺和水体污染是一个世界性问题，关系到人类社会的可持续发展。本章介绍了什么是水体、水体的污染和危害，以及废水的处理等几方面的内容。

学习要点： 了解世界及我国淡水资源状况，增强水危机感，树立保护水资源意识，培养节约用水、减少水体污染的良好习惯。了解水的自净能力和水中污染物，了解水的三级处理。

水是宝贵的自然资源，是人类生活、动植物生长不可缺少的物质。水是一切生命机体的组成物质，是生命发生、发展和繁衍的源泉。水也是维持自然生态平衡、发展社会经济的重要因素。随着人类社会的发展，人口的激增，用水量不断增加，同时人类对水资源的保护认识不够，水体污染严重，造成水资源的危机，严重制约了人类社会的发展。因此，要实现可持续发展，必须提高人们对水资源利用、开发和保护的认识。

4.1　水体

4.1.1　水体概述

1. 水体的含义

水体是江河湖海、地下水、冰川等的总称，是被水覆盖地段的自然综合体。它不仅包括水，还包括水中溶解物质、悬浮物、底泥、水生生物等。水与水体是两个紧密联系又有区别的概念。从水体概念去研究水环境污染，才能得出全面、准确的认识。

2. 天然水体中的主要物质

水是生态系统中物质循环的必需介质。天然水在循环过程中不断地和周围物质接触，必然会溶入一些物质。这些物质大多以分子态、离子态或胶体微粒状态存在于水中。图4-1列出了天然水中含有的各种物质。不同来源的天然水由于自然背景不同，水中各种物质的含量不同，构成了不同的水质。

4.1.2　水质指标、水质标准和水体的自净作用

1. 水质指标

水质指标是衡量水中杂质的标志。水质指标分为物理指标、化学指标和微生物学指标三类。常用的水质物理指标包括温度、色度、浑浊度、臭与味、固体含量、电导率等；化学指标包括水的硬度、酸碱度、氯化物含量等指标，以及表示水中溶解气体含量的指标和表示水中有机物含量的指标等；微生物学指标包括细菌总数和大肠菌群两个指标。常用的

- 天然水中的物质
  - 溶解气体
    - 主要气体：N_2、O_2、CO_2
    - 微量气体：H_2、CH_4、H_2S
  - 溶解物质
    - 主体离子：Cl^-、SO_4^{2-}、HCO_3^-、CO_3^{2-}、Na^+、Ca^{2+}、Mg^{2+}
    - 生物生成物：NH_4^+、NO_3^-、NO_2^-、HPO_4^{2-}、$H_2PO_4^-$、PO_4^{3-}、Fe^{3+}、Fe^{2+}
    - 微量元素：Br^-、I^-、F^-、Ni^{2+}等
  - 胶体物质
    - 无机胶体：SiO_2、$Fe(OH)_3$、$Al(OH)_3$
    - 有机胶体：腐殖质胶体
  - 悬浮物质
    - 细菌
    - 藻类及原生物
    - 泥土、黏土
    - 其他不溶物质

图 4-1　天然水中的物质

水质指标有以下几种：

（1）感官性状　包括颜色、臭味、水温、浑浊度、肉眼可见物。

（2）电导率　是测定水中盐类含量的重要指标。溶解在水中的各种盐类都是以离子状态存在的，因此具有导电性，水体的电导率的大小能反映水中盐类含量的多少。

（3）pH　清洁水的 pH 为 6.6～8.5。pH 异常表示水体已受到酸性或碱性污染。

（4）溶解氧（DO）　是评价水体自净能力的指标。溶解氧含量较高，表示水体自净能力强，反之，表示水体中污染物不易被氧化分解，水中厌氧菌就会大量繁殖，使水体变黑变臭。

（5）总氮　是水中含有机氮、氨氮、亚硝酸盐氮和硝酸盐氮的总量。

（6）总有机碳（TOC）　指溶解在水中的所有有机物总量，折合成碳计算。TOC 测定方法是在有催化剂和充分供氧的条件下把水样加热至 950℃，将水中有机物完全氧化成二氧化碳，测定二氧化碳量并折合成碳计算，再减去碳酸盐等无机碳元素的含量，即得出总有机碳的含量。

（7）生化需氧量（BOD）　生化需氧量指水体中微生物分解有机物过程中消耗水中溶解氧的量，是水体受有机物污染的最重要指标之一。水体要发生生物化学过程必须存在好氧微生物、足够的溶解氧和能被生物利用的营养物质这三个条件。微生物在分解有机物的过程中，分解作用的速率和程度同温度和时间有直接关系。为了使测定的 BOD 数值有可比性，采用在 20℃条件下，培养五天后测定溶解氧消耗量作为标准方法，称为五日生化需氧量，以 BOD_5 表示。BOD 反映水中可被微生物分解的有机物总量，以单位体积水中消耗溶解氧的质量来表示（$mg \cdot L^{-1}$）。清洁水体中的含量应低于 $3mg \cdot L^{-1}$，超过这个值则表示水体已经受到污染。

（8）化学需氧量（COD）　指水体中能被氧化的物质在规定条件下进行化学氧化过程中所消耗氧化物的质量。以单位体积样水消耗氧的质量表示（$mg \cdot L^{-1}$）。水中各种有机物进行化学氧化反应的难易程度是不同的，因此化学需氧量指标是在规定条件下水中可被氧化物质进行化学氧化过程需氧量的总和。化学需氧量主要反映水体受有机物污染的程度。当前常用的方法有高锰酸钾法（简称锰法，记为 COD_{Mn}），比较简便，多用于测定较清洁的水样；重铬酸钾法（简称铬法，记为 COD_{Cr}），其氧化程度比高锰酸钾高，用于严重污

染的水和工业废水的水样。

(9) 细菌总数　反映水体受到生物性污染的程度。细菌总数增多表示水污染状况恶化。

(10) 大肠菌群　表示水体受人、畜粪便污染程度。大肠菌群越多，水体污染越严重。

2. 水质标准

水质标准是环境标准的一种。水质标准是对于不同水体的水质指标做出的定量规范。

水质标准可以分为两大类。一类是国家正式颁布的标准，目前我国颁布的水质国家标准和行业标准已有几十种，如地面水环境质量标准（GB 3838—2002）、生活饮用水水质标准（GB 5749—1985）、农田灌溉水质标准（GB 5084—2005）、污水综合排放标准（GB 8978—1996）、地下水质量标准（GB/T 14848—1993）等。国家颁布的水质标准具有强制执行的法律效力，是必须遵照执行的。

另一类水质标准是用水部门或设计、科研部门为进行各种工程建设或工艺生产操作确定的水质要求。这一类水质标准不具有强制执行的法律效力，可以参考使用。

3. 水体自净

广义的水体自净是指受污染的水体由于物理、化学、生物等方面的作用，使污染物浓度逐渐降低，经过一段时间后恢复到受污染前的状态；狭义的水体自净是指水体中微生物氧化分解有机污染物而使水质净化的作用。

水体自净能力是有限度的。研究水体自净，就是要探索水体自净规律，正确计算和评价水体自净能力，依据最优化设计方案确定所排入污水必须处理的程度，达到有效防治水体污染的目的。

影响水体自净过程的因素很多，主要有：河流、湖泊、海洋等水体的地形和水文条件；水中微生物的种类和数量；水文和复氧（大气中的氧接触水面溶入水体）状况；污染物性质和浓度等。

水体自净机理包括沉淀、稀释、混合等物理过程，氧化还原、分解化合、吸附凝聚等化学物理过程以及生物化学过程。各种过程同时发生，相互影响，并相互交织进行。一般来说，物理和生物化学过程在水体自净中占主要地位。

(1) 物理净化过程　污水或污染物排入水体后，可沉性固体逐渐沉到水底形成污泥，悬浮体、胶体和溶解性污染物因为混和稀释，逐渐降低浓度的过程称为物理净化。污水稀释的程度用稀释比来表示。对河流来说，稀释比即为参与混合的河水流量与污水流量之比。污水排入河流需经相当长的距离才能达到完全混合，因此这一比值是变化的，且达到完全混合的时间受许多因素的影响。

(2) 化学净化过程　污染物进入水体后，可发生氧化、还原、化合、分解、中和、配位等化学反应，而使污染物浓度降低的过程称为化学净化。其净化过程中化学反应的产生和进行取决于污水和水体的具体情况，并且受水温、pH 等条件的影响。

(3) 生物净化过程　悬浮和溶解于水体的有机污染物，在有溶解氧时会因好氧微生物作用，氧化分解为简单的、稳定的无机物，如二氧化碳、亚硝酸盐和磷酸盐等，使水体有机物浓度降低的过程称为生物净化。在这一过程中，要消耗一定量的溶解氧。溶解氧除水体中原有的以外，主要来自水面复氧和水体中水生植物光合作用，复氧和耗氧同时进行。

水体中存在的生物群落可以反映河流的自净的进程。河流被污染时，对污染敏感的蜉蜉稚虫、鲑鱼、硅藻就会消失，而真菌、泥蠕虫和某些蓝、绿藻则占优势。经过自净作用的水质恢复洁净，水生生物群落结构也随之变化，因此，可以用水生生物群落结构来判断或评价水体自净的状况。

对不同水体进行考察并掌握各种水体自净规律（见表4-1），就能充分利用水体自净能力，减轻处理水体污染的负担，保证水体不受污染，并据此安排合理的生产布局，且以最经济的方法控制和治理污染源。

表4-1 地球各种水体的循环更替期

水体类型	循环更替期	水体类型	循环更替期
海洋	2500年	湖泊	17年
深层地下水	1400年	沼泽	5年
极地冰川	9700年	土壤水	1年
永久积雪高山冰川	1600年	河川水	16天
永冻带底冰	10000年	大气水	8天
生物水	几小时		

思考与讨论：什么是水体？举例说明我国淡水资源状况如何。

4.2 水体污染

4.2.1 水体污染概述

水体污染是指由于物质和能量的介入，超过了水体的自净能力，而使水体中污染物的含量超过了水环境质量标准，降低了水体的使用价值，危害人体健康或破坏生态环境的水质恶化现象。水体污染有两类：一类是自然污染；另一类是人为污染。当前对水体危害较大的是人为污染。水体污染还可根据污染杂质的不同而主要分为化学性污染、物理性污染和生物性污染三大类。

目前，全世界每年排放的污水约为4260亿m^3，造成5400亿m^3的水体被污染，这一水量占全球年径流总量的11%以上。不仅人口稠密的地区河流污染严重，就连人迹稀少的南极大陆和北极等地也难幸免。在世界最高峰——珠穆朗玛峰的积雪中也能检测到DDT。1980年以来，发展中国家水体污染日趋严重，95%的城市污水未经处理排入地表水，很多发展中国家甚至缺少必要的下水系统。印度大约70%的河、湖已被污染。马来西亚40多条河流污染严重，几乎鱼虾绝迹。全世界10多亿人由于饮用水被污染，受到疾病暴发和传染的威胁。发展中国家已知的常见疾病中，大约80%与水体污染和饮用水不符合标准有关。

我国水体污染状况不容乐观。据环保总局有关调查报告显示，近年来，城市污水排放量以年均近5%的速度递增。2003年，全国工业废水和城镇生活污水排放总量为460亿t，排放化学需氧量（COD）1342.7万t，其中城镇生活污水排放量为247.6亿t，占总量的53.8%；COD排放量为821.7万t，占总量的61.6%。2000年到2003年我国兴建污水厂的规模相当于建国51年以来的总和，应该说是高速、超常规发展。2004年总的污水处理率是42.2%，但是设施短缺的矛盾依然十分突出。据环保总局透露，目前在我国660个城市中，尚有61.5%的城市根本没有污水处理厂，大量生活污水直接排放，造成越来越严重的环境污染问题。

按照综合污染指数比较，2004年度七大水系污染程度由重到轻依次为：海河、辽河、淮河、黄河、松花江、长江、珠江。与上一年相比，辽河污染程度略有减轻，松花江污染加重。2004年地下水水质在基本稳定的基础上有恶化趋势。大部分城市和地区存在一定程度的点状或面状污染。污染区仍然以人口密集和工业化程度较高的城市中心区为主，超标指标有矿化度、总硬度、硝酸盐、亚硝酸盐、氨氮、铁、锰、氯化物、硫酸盐、pH值、氟化物、酚等。铁、锰和“三氮”污染在全国各地区均比较突出，矿化度、总硬度、硝酸盐超标主要分布在东北、华北、华东、中南和西北地区。

4.2.2 污水的来源

造成水体污染的因素是多方面的，但主要是人类的生产和生活活动所产生的污水排入江河，形成地表径流或渗入地下所造成的。污水的来源主要有以下三个方面。

1. 生活污水

生活污水是城市居民日常生活中产生的各种污水的混合液，其中有厨房、洗涤室、浴室、厕所排出的污水等。生活污水中含有来自人类粪便的病原细菌和病毒、洗涤剂以及过量的氮和磷的化合物。

2. 工业污水

各种工业企业在生产过程中排放出的生产废水和生产废液统称工业污水。工业污水中的污染物多，成分复杂，含量变化大，不同的生产条件，甚至不同时间的水质会有很大不同，对工业污水明确分类是很困难的。一般按成分将工业污水分为三大类：一类是含无机物污水，包括冶金、建材、化工无机酸碱生产的废水；二是含有机物污水，包括食品工业、塑料工业、炼油和石油化工以及皮毛工业的废水等；三是含有大量的有机物，同时又含有大量无机物的废水，如炼焦化工厂、氮肥厂、合成橡胶厂、制药厂、人造纤维厂和皮革厂等排出的废水。

3. 农业污水

农业用水量大（占总用水量的70%），而且面积广。在传统农业中，农田施用的是农家肥，不会造成严重污染。但在现代农业中，新技术和对更高农业生产力的需求导致化肥、杀虫剂、除草剂等人工合成肥料、化合物的使用呈指数增长，而这些化合物并不能完全被农作物吸收，其中大部分随灌溉水、雨水、融雪等形成地表径流或渗入地下，污染河流、湖泊和地下水。

4.2.3 污水对水体的危害

污水产生后，如果不经处理或处理不彻底就排入天然水体，便会造成各种形式的污染。污水的种类不同，污染的类型及后果也不同。

1. 含色、臭味的污水

含铬酸盐（呈黄色）、铬盐（呈绿色）、镍盐（呈黄色）等溶解性着色物的污水，会改变水的颜色，影响水体外观，用于生产会导致某些产品质量下降。水体中排入硫化氢和酚类会使水质发臭，水生物受这种臭味的影响，也带有臭味，不仅使鱼贝类的质量下降，甚至无法食用。

2. 无机物污水

酸、碱和无机盐类对水体的污染，首先是使水体 pH 发生变化，破坏其自然缓冲作用，消灭或抑制细菌及微生物的生长，阻碍水体自净作用；同时，会大大增加水中无机盐和水的硬度，给工业和生活用水带来不利因素；再者，盐量过多的水灌溉农田时，会引起土壤盐渍化。

3. 有毒污水

有毒污水中含有酚类、氰化物、重金属（汞、镉、铅、砷等）、有机农药、杀虫剂等。这些污水排入水体后，在高浓度时，就会出现毒害生物的作用，将水中生物杀死；在低浓度时，可以在生物体内富集，通过食物链的作用，逐级浓缩，以致最后影响到人的健康。

1）水俣病是由于摄入富集于鱼、贝中的甲基汞而引起的中枢神经疾病。因最早发现在日本熊本县水俣湾附近而得名。

2）骨痛病是发生在日本富山县神通川流域部分镉污染区的一种疾病。那里的人长期饮用受镉污染的河水，并食用河水灌溉长成的镉稻米致使镉在人体内蓄积而造成肾损害，进而导致骨软化症。

3）酚主要通过胃肠道进入人体内，少量可由呼吸道吸入酚蒸气，酚的水溶液也易被皮肤吸收。酚对内脏、肾功能和神经系统有广泛的破坏作用，其中对神经系统损害最大。高浓度的酚能引起急性中毒，严重时可在 1h 内死亡。低浓度酚可引起积累性慢性中毒。长期饮用酚污染的水，会出现头痛、头晕、失眠、吞咽困难、恶心呕吐甚至精神障碍等症状，对神经、泌尿、消化系统都有较大的毒副作用。

4）氰化物为剧毒物质，人误服 0.1g 氰化钾或氰化钠就会致死。水中氰化物含量在 $0.04 \sim 0.01 mg \cdot L^{-1}$时，鱼类就会死亡；对浮游生物和甲壳类生物，氰化物最大允许浓度为 $0.01 mg \cdot L^{-1}$。含氰废水还可使农业大幅度减产。

4. 含需氧有机物的污水

生活污水及食品工业、造纸工业废水中含有大量碳水化合物、蛋白质油脂、木质素等有机物。这些物质以悬浮或溶解状态存在于污水中，可通过微生物的生化作用而分解，在其分解过程中需要大量的氧，造成水中溶解氧减少，影响鱼类和其他水生生物的生长。当水中溶解氧降至 $4 mg \cdot L^{-1}$以下时，将严重影响鱼类生存。水中溶解氧耗尽时，有机物将进行厌氧分解，产生硫化氢、氨和硫醇等难闻气味，使水质进一步恶化。由于氧化上浮，有机质堆积物也被带到水面，不仅使水的表面恶化，而且阻止空气进入水中。

5. 含植物营养物质的污水

含有氮、磷等营养物质的污水进入天然水体后，造成水的富营养化，促使自养型生物旺盛生长，某些藻类个体数迅速增加，水体溶解氧下降，水质恶化。富营养化还可造成水的透明度降低，阳光难以穿透水层，从而影响水中植物的光合作用和氧气释放，而表层水面植物的光合作用，可能造成溶解氧的过饱和状态。表层溶解氧过饱和以及水中溶解氧少，都对水生动物（主要是鱼类）有害，造成鱼及其他生物大量死亡。藻类及其他浮游生物残体在腐烂过程中，又把生物所需的氮、磷等营养物质释放到水体，即使切断外界营养物质的来源，水体也很难自净和恢复到正常水平。富营养化水体中底层堆积的有机物在厌氧条件下分解产生的有害气体，以及一些浮游生物产生的生物毒素（如石房蛤素）也会伤害水生物。另外，富营养化水体中含有亚硝酸盐和硝酸盐，人畜长期饮用这些水，也会中毒致病。

6. 含油污水

沿海及河口石油的开发、油轮运输、炼油工业废水的排放等都会造成油的污染，河口和近海水域尤为严重。油的污染不仅妨碍了水的利用，而且油在水面形成油膜后影响氧气进入，对生物造成危害。漂浮在水面上的油膜还容易填塞鱼的腮部，使鱼窒息。水面上的油层往往随水流和风扩散很远，破坏海滩、休养地、风景区，危害鸟类的生活。

7. 含病原微生物的污水

生活污水、医院污水、屠宰肉类污水、食品加工污水、制革废水等含有各种病菌、病毒、寄生虫等病原微生物，流入天然水体会传播各种疾病。用传统的污水处理方法如加氯消毒都不能彻底消灭这些微生物，因此，此类污染物能通过多种途径进入人体，并在体内生存，一旦条件适合，就会引起疾病。目前常见的病菌有大肠杆菌、绿脓杆菌等；病毒有肝炎病毒、感冒病毒等；寄生虫有血吸虫、蛔虫等。对于人类上述病原微生物引起的传染病的发病率和死亡率都很高。用此水灌溉农田时，也会使受污染地区疾病流行。

8. 热污染废水

热电厂的冷却水是热污染的重要来源，这些水若直接排入天然水，可引起水温升高。水温升高会造成水中溶解氧减少，还会使水体中的某些毒物的毒性增强，同时严重影响鱼类生存，甚至引起鱼的死亡和水生物种群的改变。

9. 放射性污水

由于原子能工业的发展，放射性矿藏的开采，核试验和核电站的建立以及同位素在医学、工业、研究等领域的应用，使放射性废水、废物显著增加，造成一定的放射性污染。

4.2.4 海洋污染

海洋面积辽阔，储水量巨大，因而长期以来是地球上最稳定的生态系统。由陆地流入海洋的各种物质被海洋接纳，而海洋本身却没有发生显著的变化。然而近几十年，随着世界工业的发展，海洋的污染也日趋严重，使局部海域环境发生了很大变化，并有继续扩展的趋势。

1. 海洋污染的定义

由于人类的活动直接或间接地把物质或能量引入海洋环境，造成或可能造成损害海洋生物资源、危害人类健康、妨碍捕鱼和其他各种合法活动、损害海水的正常使用价值和降低海洋环境的质量等有害影响。一些自然因素，如水土流失、海底火山爆发以及自然灾害等，引起海洋的损害则不属于海洋污染的范畴。

海洋的污染主要是发生在靠近大陆的海湾。由于密集的人口和工业，大量的废水和固体废物倾入海水，加上海岸曲折造成水流交换不畅，使得海水的温度、pH值、含盐量、透明度、生物种类和数量等性状发生改变，对海洋的生态平衡构成危害。

沿海污染严重的国家是日本、美国、西欧诸国和前苏联。污染最严重的海域有波罗的海、地中海、亚速海、濑户海、东京湾、纽约湾、墨西哥湾等。在这些海域里，海洋生物大量减少，鱼、贝类濒于绝迹，有的已变成没有生命的死海。我国的渤海湾、黄海、东海和南海的污染状况也相当严重，虽然汞、镉、铅的浓度总体上尚在标准允许范围之内，但已有局部的超标区；石油和COD在各海域中有超标现象。其中污染最严重的渤海，由于污染已造成渔场外迁、鱼群死亡、赤潮泛滥，一些珍贵的海生资源正在丧失。

2. 海洋污染的特点

(1) 污染源广　除人类在海洋上的活动外，人类在陆地和其他活动方面所产生的各种污染物，也将通过江河径流入海或通过大气扩散和雨雪等降水过程，最终都汇入海洋。人类的海洋活动主要是航海、捕鱼和海底石油开发。目前全世界各国有近8万艘远洋商船穿梭于全球各港口，总吨位达5亿t，它们在航行期间都要向海洋排出含有油性的机舱污水，仅这项估计向海洋排放的油污染每年可达百万吨以上。通过江河径流入海含有各种污染物的污水量更是大得惊人。

(2) 持续性强　海洋是地球上地势最低的区域，它不可能像大气和江河那样，通过一次暴雨或一个汛期使污染得以减轻，甚至消除。一旦污染物进入海洋后，很难再转移出去，不能溶解和不易分解的物质在海洋中越积越多，它们可以通过生物的浓缩作用和食物链传递，对人类造成潜在威胁。美国向海洋排放的工业废物占全球总量的1/5，每年因水生物污染或人们误食有毒海产品造成的污染中毒事件达1万起以上。

(3) 扩散范围广　全球海洋是相互连通的一个整体，一个海域出现的污染，往往会扩散到周边海域，甚至扩大到邻近大洋，有的后期效应还会波及全球。比如海洋遭受石油污染后，海面会被大面积的油膜所覆盖，阻碍了正常的海洋和大气间的交换，有可能影响全球或局部地区的气候异常。此外，石油进入海洋，经过种种物理化学变化，最后形成黑色的沥青球，可以长期漂浮在海上，通过风浪流的扩散传播，在世界大洋一些非污染海域里也能发现这种漂浮的沥青球。

(4) 防治难，危害大　海洋污染有很长的积累过程，不易及时发现，一旦形成污染，需要长期治理才能消除影响，而且治理费用较大，造成的危害会波及各个方面，特别是对人体产生的毒害更是难以彻底清除干净。20世纪50年代中期，震惊中外的日本水俣病，是直接由汞这种重金属对海洋环境污染造成的公害病，通过几十年的治理，直到现在也还没有完全消除其影响。“污染易、治理难”，它严肃告诫人们，保护海洋就是保护人类自己。

3. 海洋污染物的种类

污染海洋的物质众多，从形态上分有废水、废渣和废气。污染现象突出表现为石油污染、赤潮、有毒物质累积、塑料污染和核污染等几个方面。根据污染物的性质和毒性，以及对海洋环境造成危害的方式，大致可以把污染物的种类分为以下几类。

(1) 石油及其产品　包括原油和从原油中分馏出来的溶剂油、汽油、煤油、柴油、润滑油、石蜡、沥青等，以及经过裂化、催化而成的各种产品。目前每年排入海洋的石油污染物约1千万t，主要是由工业生产，包括海上油井管道泄漏、油轮事故、船舶排污等造成的，特别是一些突发性的事故，一次泄漏的石油量可达10万t以上。这种情况导致，大片海水被油膜覆盖，将促使海洋生物大量死亡，严重影响海产品的价值，以及其他海上活动。

(2) 重金属和酸碱　包括汞、铜、锌、钴、镉、铬等重金属，砷、硫、磷等非金属以及各种酸和碱。由人类活动而进入海洋的汞，每年可达万吨，已大大超过全世界每年生产约9千t汞的记录，这是因为煤、石油等在燃烧过程中，会使其中含有的微量汞释放出来，逸散到大气中，最终归入海洋。估计全球在这方面污染海洋的汞每年约4千t。镉的年产量约1.5万t，据调查镉对海洋的污染量远大于汞。随着工农业的发展，通过各种途径进入海洋的某些重金属和非金属，以及酸碱等的量，呈增长趋势，加速了对海洋的污染。

(3) 农药　包括农业上大量使用的含有汞、铜以及有机氯等成分的除草剂、灭虫剂，以及工业上应用的多氯酸苯等。这一类农药具有很强的毒性，进入海洋经海洋生物体的富集作用，通过食物链进入人体，产生的危害性就更大，每年因此中毒的人数多达10万人以上，人类所患的一些新型的癌症与此也有密切关系。

(4) 有机物质和营养盐类　这类物质比较繁杂，包括工业排出的纤维素、糖醛、油脂；生活污水中的粪便、洗涤剂和食物残渣，以及化肥的残液等。这些物质进入海洋，造成海水的富营养化，能促使某些生物急剧繁殖，大量消耗海水中的氧气，易形成赤潮，继而引起大批鱼虾贝类的死亡。

(5) 放射性核素　是由核武器试验、核工业和核动力设施释放出来的人工放射性物质，主要是锶-90、铯-137等半衰期为30年左右的同位素。据估计目前进入海洋中的放射性物质总量为2~6亿Ci（居里），这个量的绝对值是相当大的。在较强放射性水域中，海洋生物通过体表吸附或食物进入消化系统，并逐渐积累在器官中，通过食物链作用将最终传递给人类。

(6) 固体废物　主要是工业和城市垃圾、船舶废弃物、工程渣土和疏浚物等。据估计，全世界每年产生各类固体废弃物约百亿吨，若其1%进入海洋，绝对量也达亿吨。这些固体废弃物严重损害近岸海域的水生资源，并破坏沿岸景观。

(7) 废热　工业排出的热废水将造成海洋的热污染。在局部海域，如有比原正常水温高出4℃以上的热废水常年流入时，就会破坏生态平衡和减少水中的溶解氧。

上述各类污染物质大多是从陆地上排入海洋的，也有一部分是由海上直接进入或是通过大气输送到海洋的。这些污染物质在各个水域的分布是极不均匀的，因而造成的不良影响也不完全一样。

4. 海洋污染的危害

1) 海洋污染造成的海水浑浊严重影响海洋植物（浮游植物和海藻）的光合作用，从而影响海域的生产力，对鱼类也有危害。

2) 石油污染在海洋表面形成面积广大的油膜，阻止空气中的氧气向海水中溶解，同时石油的分解也消耗水中的溶解氧，造成海水缺氧，对海洋生物产生危害，并祸及海鸟和人类。据交通部海事局统计，从1976年到2000年间，我国水域共发生船舶溢油事故2300多起，溢油量达3万t，污染水域面积近2万km^2，严重危害着我国的生态环境和经济发展。

3) 重金属和有毒有机化合物等有毒物质在海域中累积，并通过海洋生物的富集作用，对海洋动物和以此为食的其他动物造成毒害。每年有250万人由于生食受到污水污染的贝类而患上传染性肝炎，约有2.5万人因此而死亡。

4) 由于好氧有机物污染引起的赤潮（海水富营养化的结果），造成海水缺氧，导致海洋生物死亡。

赤潮又称红潮，是海洋生态系统中的一种异常现象。它是由海藻家族中的赤潮藻在特定环境条件下爆发性地增殖造成的。

赤潮是在特定环境条件下产生的，相关因素很多，但其中一个极其重要的因素是海洋污染。大量含有各种有机物的废污水排入海水中，促使海水富营养化，这是赤潮藻类能够大量繁殖的重要物质基础。

赤潮发生后，除海水变色外，海水的pH值也会升高，粘稠度增加，大量的黏液附在鱼和贝类的鳃上，阻碍呼吸，令其窒息而死；非赤潮藻类的浮游生物也会死亡、衰减；赤潮藻也因爆发性增殖、过度聚集而大量死亡。浮游生物、藻类死亡腐败会造成海域大面积缺氧，甚至处于无氧状态，同时还会释放出大量有害气体和毒素，严重污染海洋环境，使海洋的正常生态系统遭到严重的破坏。

赤潮除了危害近海养殖业和渔业，还会危及人体健康。赤潮藻类毒素污染海水，会使游泳者、海上作业者的眼睛、口腔、咽喉、皮肤受到损害，严重者可导致失明、神经麻痹甚至死亡。如误食含有赤潮藻类毒素的鱼、虾、贝、蟹等食物会引起中毒，严重者将导致死亡。同时，赤潮影响旅游业的发展。

思考与讨论：根据所见所闻讨论水体污染带来的危害。

4.3 水体污染的防治

水污染的防治是人类社会最紧迫的任务之一，是关系到每一个公民的大事，其结果直接涉及人类的生存和发展。因此，要多方位、多层次地大力宣传，使每个公民牢固树立保护水资源、防治水污染的意识。

4.3.1 珍惜水资源，节约用水

我国每年全社会用水总量为6000亿m^3，其中农业用水4000亿m^3，占总用水量的73.4%，而发达国家农业用水比例多在50%以下。我国农业用水的有效利用率仅为40%。以色列人采用先进的滴灌技术，通过水管网络把水直接浇在农作物根部，使蒸发和渗漏损失降至极低。滴灌系统用水效率通常可达70%，是农业节水最成功的典范。目前我国农业也要改进灌溉方式，用喷灌和滴灌的方式代替漫灌或渠灌方式。

在日常生活中，节水涉及方方面面，如放水时用盛器，用多少放多少，水龙头随开随关；洗手、洗脸、刷牙时，不应让水一直流着；先削皮后洗土豆、胡萝卜；淋浴的时候，抓紧时间，尽量减少不必要的浪费，离开时关好水阀。另外，生活中很多的水是可以再利用的，比如洗脸、洗衣服、洗菜的水，完全可以用来洗厕所。养成科学的用水习惯，可以节省约70%的水。

4.3.2 从源头上减少或切断污水

1. 改革生产工艺，更新设备

即采用干法和清洁生产工艺，替代有水生产工艺；更新设备，防止污水跑、冒、滴、漏，减少工业污水的产生量。

2. 循环用水，重复用水

即根据不同的生产工艺要求，把生产过程中的废水，经过处理后在原来的或其他的生

产过程中重新使用，减少工业污水的排放量。

3. 科学施用农药、化肥

农药、化肥施用后，大部分残留物进入土壤里，又随雨水或灌溉用水进入水体，造成水体污染。因此，在农业生产中，应当使用高效低毒的农药和化肥，减少农业污水的污染和毒害。

4. 加强管理，综合治理

城市污水是工业污水和生活污水的混合水体。对城市污水的处理，是人工防治水体污染的最后一道防线。只有把城市污水经过处理后，达到排放标准，再排入江河湖海，才能有效避免水污染的发生。在城市建设中，要合理布局城市排水管道网的铺设，建设污水处理厂，确保江河湖海水体的洁净。

4.3.3 污水的治理

污水处理前要先对其分类。根据污水中的成分采取不同的方法进行处理。

1. 污水处理的基本方法

(1) 物理处理法　利用物理作用进行废水处理的方法属于物理处理法。在处理过程中并不改变物质的化学性质，可分离废水中的悬浮状的污染物质，如沉淀法、筛滤法、离心分离法等。

(2) 化学处理法　利用化学反应进行分离、回收废水中的污染物，或者把它们转化成无害的物质，叫化学处理法。如混凝法、中和法、氧化还原法等。

(3) 生物处理法　利用微生物的代谢活动，使水中的有机污染物转化为稳定无毒物。如活性污泥法、生物膜法等。

2. 城市生活污水处理

城市生活污水中的污染物主要是有机物，如碳水化合物、蛋白质、脂肪等。处理时应除去悬浮物和溶解性有机物。按照不同的处理程度，可分为一级处理、二级处理和三级处理（深度处理）。

(1) 一级处理　一般采用物理处理法，去除废水中的悬浮物，工艺上采用格栅处理、沉砂处理、沉淀去油处理等步骤。处理后的废水一般不能达到排放标准（BOD_5 下降 25% ~ 40%，可除去 60%左右悬浮物），还要经过二级处理。

(2) 二级处理　一般采用生物处理法，去除污水中的胶体物质、溶解性有机物和部分氮、磷等营养物，工艺上采用曝气池处理、二次沉淀处理等步骤。处理后的废水可以达到排放标准（BOD_5 下降 90%左右，可除去 90%左右悬浮物、25% ~ 55%的氮和 10% ~ 30%的磷）。

(3) 三级处理　一般采用化学法或物理化学方法，进一步除去水中残存的有机物和氮、磷，重金属盐等有害物质，以符合国家更严格的废水排放标准或回用要求（BOD_5 下降到 99%以下，可除去 99%以上的悬浮物、50% ~ 95%的氮和 94%的磷）。

3. 工业废水的处理

工业废水的水质非常复杂，不同的行业、不同的原料、不同的生产工艺产生的废水水质相差很大。企业产生废水可分为三大类，即生活污水（由设计与开发业，计算机软件业，家电制造业，电子产品组装业，不含印染工序的纺织、针织品、服装生产业等企业产生)、一般工业废水(由印染业、食品工业、五金生产加工业、电子及通信设备制造业、轻工日化用品制造业等产生)、高浓度废水(由制革、造纸、电镀、染料生产、精细化工、医药原料及中间体的生产行业产生)。所以,处理工业废水没有通用的处理工艺流程,可根据具体工业废水的水量、水质、处理程度要求,选择合适的单元技术组合工艺流程。

4. 废水资源化

城市废水的水质、水量稳定地处理和净化后可以作为新的再生水加以利用。这样既可以缓解水资源短缺,又可以消除城市废水对水体的污染。

根据城市废水处理程度和出水水质,经净化后的城市废水可以有多种回用途径,大体可分为城市回用、工业回用、农业回用(包括渔牧业)、地下水回灌。城市回用中有城市生活杂用水(如冲厕、洗车)、市政用水(城市景观喷水)、绿地浇灌及建筑用水等;工业回用主要用于冷却水;农业回用主要是灌溉用水。

思考与讨论:面对淡水危机我们能做些什么?

本 章 小 结

一、水体、水质指标、水体自净

1. 水体:水体是江河湖海、地下水、冰川等的总称,是被水覆盖地段的自然综合体。它不仅包括水,还包括水中溶解物质、悬浮物、底泥、水生生物等。

2. 水质指标:对水中污染物或其他物质的最大允许浓度所作出的规定叫做水质质量标准或水质指标。常用的水质指标有13个。

3. 水体自净:水体自净是指受污染的水体由于物理、化学、生物等方面的作用,使污染物浓度逐渐降低,经过一段时间后恢复到受污染前的状态。其主要是指水体中微生物氧化分解有机污染物而使水质净化的作用。

二、水体污染

1. 污水的来源:主要有三方面,即工业污水、农业污水、生活污水。

2. 污水的危害:根据污染物对水质的影响可将污水分为九类:含色、臭味的污水;无机物污水;有毒污水;含需氧有机物的污水;含植物营养物质的污水;含油污水;含病原微生物的污水;热污染废水;放射性污水。

3. 海洋污染。

三、水体污染的防治

保护淡水资源、防止水体污染首先要节约用水,从源头上减少或切断污水的产生量,其次是进行污水的处理再利用。城市生活污水需进行三级处理,工业污水按其污染成分选择适当的处理工艺进行无害化处理和回收其中的资源再利用。

思考与实践

1. "世界水日"、"中国水周"及其来历是什么?今年的宣传主题是什么?

2. 什么是水体的自净作用?

3. 水体污染的类型有哪些?
4. 什么叫水体富营养化? 什么叫“赤潮”?
5. 什么是水体需氧物质?
6. 水俣病的病因、症状是什么? 它是由什么重金属污染所致?
7. 骨痛病是什么重金属污染所致?
8. 什么是海洋污染? 海洋污染有何特点? 危害如何?
9. 废水处理方法有哪几大类?
10. 举出几种城市废水资源化的途径。
11. 调查你所处居住地是否有水体受到污染? 污染源是什么?
12. 调查当地污水排放量和污水处理量有多少?
13. 参观当地污水处理厂，调查污水处理后的用途，写出参观报告。
14. 你在生活中如何减少水体污染? 如何节约用水?
15. 对前面你做的环保规划执行情况作一个阶段性总结。

参考书与相关网站

1.《保护人类共同的家园》（王宁主编）http://www.chinalawedu.com/web/hjbhlw/more.htm
2.《水污染与水环境修复》ISBN：7-5025-6753-4
3. 中国水网 http://www.h2o-china.com
4. 中国水利网 http://www.chinawater.com.cn
5. 中国科普网 http://www.kepu.ac.cn
6. 国家科学数字图书馆/资源和环境科学信息门户 http://www.resip.ac.cn

第 5 章　固体废物处理与利用

内容提要：城市生活垃圾问题已经成为我国最严重的公害之一。及时清理和处理城市垃圾，是建设优美、整洁、文明的现代化城市不可缺少的条件。本章介绍固体废物及其分类，固体废物的危害，固体废物的处理和资源化。

学习要点：了解固体废物及其分类，理解固体废物的危害，了解处理固体废物的原则和方法。

5.1　固体废物

固体废物，是指人类生产建设、日常生活和其他活动所产生的在一定时间和地点无法利用而被遗弃的污染环境的固态、半固态废弃物质。固体废物相对某一过程或某一方面没有使用价值，而并非在一切过程和一切方面都没有使用价值。另外，由于各种产品本身具有使用寿命，超过了使用寿命期限，也会成为废物，因此，固体废物的概念是有时间性和空间性的。一种过程的废物随着时空条件变化可以成为另一过程的原料，所以，废物又有“放错地点的原料”之称。固体废物来源广泛、种类繁多、组成复杂。从不同角度可分为无机废物和有机废物；按危害可分为一般固体废物和危险废物；按其形状分为固状废物（粉状、粒状、块状）和泥状废物；通常按其来源不同分为矿业废物、工业废物、城市垃圾、农业废物和放射性废物等五类（图 5-1）。

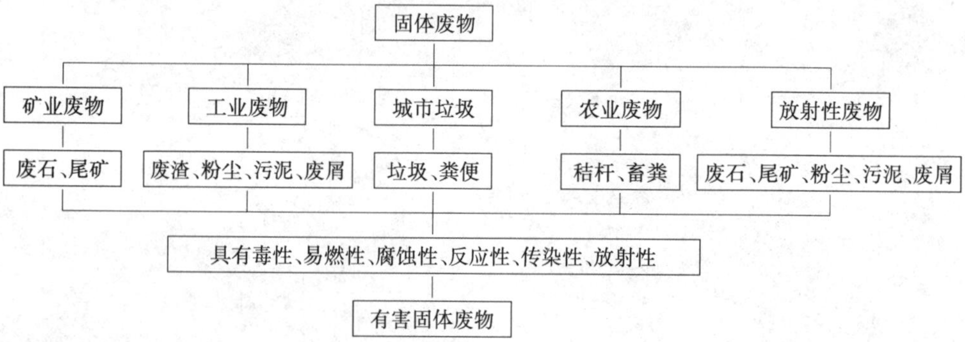

图 5-1　固体废物的分类

全世界固体废物排放量十分惊人。目前工业化国家的工业固体废物排放量每年以 2%~4%的速度增长。据有关资料显示，全世界每年生产约 21 亿 t 的工业固体废物（其中美国 4 亿 t，日本 3 亿 t）；3.4 亿 t 危险废物。放射性固体废物也逐年上升，至今尚未处置过的高浓度放射废物所占体积为100多万m^3。随着工业化国家的城市化和居民生活消费水平的提高，城市垃圾的增长十分迅速。据统计，全世界每年产生约450亿t垃圾，发达国家垃圾平均增长率为3.2%~4.5%；发展中国家平均增长率为2%~3%。我国每年生产固体废物数量巨大，近十年平均每年以8.89%的速度增长，少数城市如北京的增长率达到15%~20%。全国668座城市中已有2/3被垃圾所包围，全国垃圾占地累计达75万亩，而且有1/4的城市已无适合场所堆放垃圾，把解决垃圾的途径延伸到农村，导致城乡结合带区域生态恶化，危及中国21世纪的持续发展。

思考与讨论：

1. 我国工业垃圾年排放量、排放增长率、处理量各为多少？
2. 我国城市生活垃圾年排放量、增长率、处理量各为多少？

5.2 固体废物污染及其危害

固体废物的有害成分可以通过水、大气、土壤等途径进入环境给人类造成潜在的、长期的危害。因此，若固体废物处置不当，会通过不同途径危害人体健康。例如，矿业固体废物中所含的化学物质能形成化学污染。人畜粪便和生活垃圾是各种病原微生物的孳生地，能形成病原体型污染。固体废物对人类的危害主要有以下几方面。

5.2.1 侵占土地

固体废物的堆放要占用大量的土地。估计1万t固体废物约占用土地667m^2。城市固体废物侵占土地的现象日趋严重，我国现在堆积的工业固体废物有60亿t，生活垃圾有5亿t，多数城市固体废物无法处理而堆积在城郊或公路两旁，形成垃圾包围城市。据北京市高空红外探测显示，北京市几乎被垃圾群所包围。

5.2.2 严重污染土壤

土壤是植物赖以生存的基础。长期使用带有碎砖瓦砾的“垃圾肥”，土壤会严重“渣化”；未经处理的有害废物在土壤中风化、淋溶后渗入土壤。土壤是许多细菌、真菌等微生物聚集的场所，已形成微生物生态系统，在大自然中担负着碳循环和氮循环的一部分重要任务。由于有害成分进入土壤能杀灭土壤中的微生物，破坏土壤的腐蚀分解能力，导致土壤质量下降；带有病菌、寄生虫卵的粪便施入农田，一些根茎类蔬菜、瓜果就会把土壤中的病菌、寄生虫卵吸进或带入体内，人们食用后就会患病。如20世纪80年代，我国内蒙古包头市某矿的尾矿堆积如山，造成坝下的大片土地被污染，导致草木难生，使一个乡的居民被迫搬迁。

20世纪70年代，美国密苏里州曾把混有四氯二苯-对二恶英（2，3，7，8-TCDD）的废渣当作沥青铺洒路面，造成严重污染，污染深度60cm，致使牲畜大批死亡，居民受多种疾病折磨，最后美国政府花3300万美元买下该镇全部地产，还赔偿了居民搬迁的全部费用。

5.2.3 污染水体

许多国家把大量的固体废物直接向江河湖海中倾倒，不仅减少了水域面积，淤塞航道，而且污染水体，使水质下降（图5-2）；固体废物随着天然降水和地表径流进入江河、湖泊，粉尘废物随风飞扬落入地面水，也造成地面水污染，而有的固体废物产生的有害物质随雨水下渗，污染地下水。

图5-2 堆满垃圾的河道奇臭难闻

美国的Love Canal事件是典型的固体废物污染事件。1930—1953年期间，美国胡克化学工业公司在纽约附近的Love Canal废河谷填埋了2800多t桶装有害固体废物，1953年用土填平，1975年大雨和融化的河水造成有害固体废物外溢并陆续发现该地区井水变臭、婴儿畸形、居民得怪异病，大气中有害物质超标500多倍，测出有毒物质82种，其中几种能致癌，包括有剧毒的二恶英。1978年美国政府颁布法令，710多户居民全部搬迁，并拨款2700万美元进行治理。

5.2.4 污染空气

固体废物在收运、堆放过程中未作密封处理，有的经日晒、风吹、雨淋、焚化等作用，挥发了大量废气、粉尘；有的则在适宜的温度和湿度下被微生物分解产生有毒气体，向大气中飘散，造成大气污染。例如，煤矸石自燃放出SO_2、CO_2、NH_3气体，造成大气污染。在陕西省铜川市，由于煤矸石露天堆放而自燃，每天释放SO_2达37t。造成严重大气污染。

5.2.5 影响环境卫生

我国工业固体废物的综合利用率仅超过50%。城市生活垃圾的清运量在40%~50%，无害化处理率只有1.6%。无论是垃圾处理的能力，还是无害化处理水平，都不能满足城市发展的需要。大部分垃圾采用简易填埋的处置方式，部分垃圾只是露天堆放，固体废物在城市里大量堆放，不仅妨碍市容，而且有害城市卫生。城市堆放的生活垃圾，非常容易发酵腐化，产生恶臭，招引蚊蝇、老鼠等滋生繁衍，容易引起疾病传染；在城市下水道的污泥中，还含有几百种病菌和病毒。长期堆放的工业固体废物中的有毒物质潜伏期较长，也会造成长期威胁。

城市的清洁卫生文明，很大程度上同固体废物的收集、处理有关，尤其是国家卫生城市和风景旅游城市，对固体废物处理不妥善，将会造成非常不良的影响。

5.2.6 几种固体废物污染简介

1. 电池污染

（1）电池的组成　干电池（图5-3）、充电电池的组成成分：锌皮（铁皮）、碳棒、汞、硫酸化物、铜帽；蓄电池以铅的化合物为主。举例：1号废旧锌锰电池的组成，重量70g

左右，其中碳棒5.2g，锌皮7.0g，锰粉25g，铜帽0.5g，其他32g。

(2) 废旧电池的危害性　废旧电池的危害主要集中在其中所含的少量的重金属上，如铅、汞、镉等。这些有毒物质通过各种途径进入人体内，长期积蓄难以排除，损害神经系统、造血功能和骨骼，甚至可以致癌。铅的危害：神经系统（神经衰弱、手足麻木）、消化系统（消化不良、腹部绞痛）、血液中毒和其他的病变。汞的危害：精神状态改变是汞中毒的一大症状。脉搏加快，肌肉颤动，口腔和消化系统病变。镉、锰的危害：主要危害神经系统。

图5-3　干电池

(3) 废旧电池污染环境的途径　废旧电池的组成物质在使用过程中，被封存在电池壳内部，并不会对环境造成影响。但经过长期机械磨损和腐蚀，内部的重金属、酸和碱等泄露出来，进入土壤或水源，就会通过各种途径进入人的食物链。消化生物从环境中摄取的重金属可以经过食物链的生物放大作用，逐级在较高级的生物中成千上万地富积，然后经过食物进入人的身体，在某些器官中积蓄造成慢性中毒。日本的水俣病就是汞中毒的典型案例。

(4) 废旧电池危害的其他表现　目前世界上生活垃圾处理主要是卫生填埋、堆肥、焚烧和回收再利用四种方式，混入生活垃圾的废旧电池在这四个过程中的污染作用各有不同：

1) 填埋：废旧电池的重金属通过渗滤作用污染水体和土壤。

2) 焚烧：废旧电池在高温下腐蚀设备，某些重金属在焚烧炉中挥发在飞灰中，造成大气污染；焚烧炉底重金属堆积，产生的灰渣造成土壤污染。

3) 堆肥：废旧电池的重金属含量较高，将造成堆肥的质量下降。

4) 回收再利用：一般采用反射炉火冶金法，工艺虽然容易掌握，但是回收率只有82%，其余的铅以气体和粉尘的形态出现，同时冶炼过程中的二氧化硫会进入空气中，造成二次污染，直接危害操作工人的健康。

2. 白色污染

近年来，中华大地却被空前未有的“白色污染”所困扰。从城市到乡村，从沿海到内地，绿荫闹市、广场社区、农田沟渠、铁道旁、公路边、河流中、湖面上，无处不在的各种各样的废泡沫塑料制品和残破塑料薄膜制品，对社会环境形成了很大损害。

由于一次性塑料包装物、农用薄膜、一次性塑料餐具、一次性医疗用品等，给人们带来很大的方便，所以，塑料制品被大量使用，致使垃圾中废塑料制品的比例迅速增加。据统计，全球每年约产生1.7亿t塑料垃圾，其中1/3以上被遗弃在环境中。美国、日本、德国、荷兰等一些发达国家早在20世纪末就发布了一系列的法规限制一些塑料制品的生产使用和回收。我国有13亿人口，即使每人每天丢弃一个5g的塑料袋，全国每天将产生6500t塑料垃圾。据统计，2000年我国塑料包装产量约350万t，约产生塑料垃圾150万t，加上农用塑料地膜及其他一次性生活用品，总共可产生塑料垃圾280万t。一般塑料制品在自然界里降解的周期为200～400年，它们埋掩在土壤里，阻碍农作物的生长；被牲畜误吃后，轻者得病，重者死亡；焚烧后则释放大量毒气，并排放到大气里，危害人类。

思考与讨论：如何在减少电池污染和白色污染方面作出贡献？

3. 旧家电问题

据国家统计局的调查资料显示，2003 年是我国家电更新换代的一个高峰。每年大约有平均 500 万台以上的电视机，500 万台的洗衣机，400 万台的冰箱进入更新期。

废旧家电不同于一般的城市垃圾，其制造材料复杂，有些家电材料还含有化学物质，如不妥善处理而直接填埋、烧掉，必将造成空气、土壤和水体的严重污染。例如，电冰箱的制冷剂和发泡剂是破坏臭氧层的物质，而电脑、电视机的显像管属于具有爆炸性的废物，废润滑油则是污染环境的物质，荧光屏为含汞废物。同时，在废旧家电的回收处理中也存在着许多问题。一些老型号的电脑多含有金、钯、铂等贵重金属，一些私人和小企业采用酸泡、火烧等落后的工艺技术流程提炼其中的贵金属，将产生大量废气、废水和废渣，严重污染环境。

4. 洋垃圾

一些发达国家把大批“洋垃圾”输出国外，其中绝大部分是未经处理的生活垃圾，不但污浊不堪，而且还带有多种病毒。危险废物的越境转移也是当前最受关注的全球性的环境问题之一，于是发达国家将危险废物转移到缺乏监控和控制手段的发展中国家，导致污染扩散。如 1987 年在尼日利亚柯科河港旁堆放的 8000 多桶各种颜色的废料，不久，铁桶锈蚀，难闻的脏水四溢，散发恶臭。后经查明桶内装的是致命的聚氯丁烯苯基化合物，这是一种致癌率极高的化学物质。结果造成许多码头工人和家属瘫痪，19 人死亡的悲剧。1988 年几内亚一个无人居住的小岛，原来茂密的森林开始枯萎，逐渐死去。后经调查发现岛上有 15000t 的垃圾灰，是一家挪威公司运来的，垃圾中含有氰化物、铅、铬等多种有毒物质。自 1990 年开始，美国、德国工业界也先后将“洋垃圾”运送至我国。我国绝不能被“洋垃圾”漂亮的“包装”所诱惑而上当，也不要被低价进口有毒废料获得可观的经济效益所驱动，坚决将洋垃圾拒之国门以外。为了保护各国的环境，防止危险废物跨国转移，世界各国制定了《巴塞尔公约》，控制危险废物越境转移和处置，我国也是成员国之一。

思考与讨论：购买洋垃圾的弊与利。

5.3 固体废物的减少与处理

5.3.1 从源头减少固体废物

具体方法：①改革生产工艺，减少废物排放；②采用精料，减少生产过程中的废物排放量；③发展物资循环利用的工艺，使生产一种产品的废物恰好是生产另一种产品的原料，最后剩下很少的废物排放入环境；④简化包装，在保障商品质量的前提下，减少包装的重量和体积。例如，1996 年 4 月生产的“舒肤佳”肥皂，其盒重 7.8g，现重 7.4g，每块肥皂包装减重 0.4g，若 300 万户每月用 1 块，一年就节省 14.4t 纸的消耗，同时也减少了 14.4t 的垃圾；同时，商家回收产品包装物。又如，一些大的家用电器多为上门维修，商家送货到家后，负责收回包装物再次利用（北京双鹤制药厂已实行回收）。再如，净菜上市，菜叶、菜帮还田，减少菜市场垃圾清运量。而政府应禁止菜贩无偿提供塑料袋，迫使人们提布袋子和菜篮子买菜，减少塑料袋带来的白色污染。

5.3.2 科学地分类是解决垃圾困扰的关键

由于人们生活节奏的加快和生活水平的提高，每年递增的垃圾多为可回收物，可以说有2/3以上的废弃物是能回收利用的。垃圾要利用，必须进行科学地分类。生活垃圾应从家庭、单位、医院、商场和集贸市场所有扔掉垃圾人的手中开始分类。首先是工业废品的分类，如废旧纸张、玻璃、金属、木材、橡胶、塑料、电池等。这些废物要分别放入分类箱中，再由回收部门或专业运输队酌情多日收运一次，直接送到有关工厂做原料。其次是厨房里产生的垃圾，包括植物的根、茎、叶、花果残余，动物骨胳、皮毛、内脏残余等。这些生活垃圾可由环卫部门收运。这样做将大大降低垃圾总量和体积，减少垃圾转运中耗费的人力和物力，以及过多的垃圾堆放对环境造成的污染，同时能够减少环卫部门清运和处理垃圾的负担，延长造价昂贵的填埋场的使用寿命。

5.3.3 垃圾的一般处理方法

处理固体废物的原则是无害化、减量化和资源化。目前，全世界范围内普遍采用的有四种方法：填埋、堆肥、焚烧、回收再利用。

(1) 填埋法　目前，我国的生活垃圾处理，70%为卫生填埋处理。这种方法是将垃圾填入事先选好的坑洼地或沟谷中，覆土压实，使其发生物理、化学、生物等变化，使垃圾中的有机质分解，从而达到无害化的目的。这种方法会长期侵占土地，由于生活垃圾大部分为有机物质，填埋后会因发酵而产生大量的甲烷（俗称沼气）、二氧化碳、二氧化硫等气体，污染大气，还有爆炸的危险；也会产生沥渗液污染周围土壤的地下水。国际上采用渗滤液处理与回用、填埋气的导排及回收利用、封场处理等一系列先进的工艺流程和进口的先进设备，防止土壤、地下水、大气的污染，并回收利用资源。例如，回用水可用作场内冲洗车辆、降尘、绿化等；收集系统把产生的甲烷收集起来用于发电。

(2) 堆肥法　利用微生物对垃圾和粪便中的有机物的分解作用及其产生的热量来杀死垃圾中的病菌和寄生虫卵等，从而使垃圾达到无害化和腐熟化。由于垃圾中的有机成分和无机成分很难完全分开，只能处理其中的有机部分。

(3) 焚烧法　焚烧处理是将垃圾放在焚烧炉中进行燃烧，释放出热能，余热回收可供热或发电。烟气净化后排出，少量剩余残渣（一般剩余体积仅为原来的15%～20%）排出填埋或作其他用途。焚烧处理技术特点是处理量大、减容性好、无害化彻底，且有热能回收作用。因此，对生活垃圾实行焚烧处理是无害化、减量化和资源化的有效处理方式。焚烧如果控制不好会产生多种有害气体，包括二恶英之类的剧毒物质，污染空气。

(4) 回收再利用　固体废弃物的回收再利用向人类提供了能源、材料，减少了环境污染。要做好这项工作，必须使人们认识到固体废弃物的价值。1t废塑料可生产0.37～0.73t油，每回收1t饮料瓶塑料可获利润8000元。每回收1t废纸，可造优质纸0.85t，节省木材3m^3，节省碱300kg，比等量生产优质纸减少污染74%。废玻璃回收后再生产玻璃，可节能10%～30%，减少空气污染20%，减少采矿废弃的矿渣80%。利用废电池可回收镉、镍、锰、锌等宝贵的重金属，同时可减少重金属对环境的污染及对人体健康的危害。每回收1t废钢铁，可炼好钢0.9t，可减少75%的空气污染、97%的水污染和固体废物，比用矿石炼钢节约冶炼费47%。每回收1t废食品草木，可生产0.6t有机肥，也可生产垃圾燃料，作为发电、供热的燃料。如被人们随意丢掉的易拉罐饮料的开罐拔片，每个只有0.45g重，200万罐的小片则重0.9t。回收1t易拉罐，可以少开采2t铝矿，同时可少建2t规模的炼铝锭厂，并可避免采矿冶炼的工业污染损失。工业废渣如粉煤灰、钢渣是制造水泥等建筑材料的原料。农业废弃物如秸秆用于制造一次性餐具，可解决一次性塑料餐具难降解的问题。垃圾处理产业将成为21世纪新的经济增长点之一。

本章小结

一、固体废物及其来源

固体废物，是指人类生产建设、日常生活和其他活动所产生的在一定时间和地点无法利用而被遗弃的污染环境的固态、半固态废弃物质。固体废物的来源有：

1. 矿业废物。主要包括煤矿石、采矿废石和选矿尾矿等。

2. 工业废物。一类是一般工业废物，如粉煤灰、锅炉渣、硫酸渣、电石渣、铸造废型砂、食品加工废渣等；另一类是有害废物，主要为有机化工、无机化工、医药、农药、电镀、油漆、涂料、印染、皮革、有色、纺织、石油炼制和炸药等行业产生的有害废弃物。

3. 城市垃圾。指城市及其郊县居民生活排放的垃圾和粪便。

4. 农业废物。农业生产中产生的秸秆、畜粪等。

5. 放射性废物。包括核设施、核技术和来自伴生放射性矿的资源开发利用中产生的放射性废物。

二、固体废物的危害

固体废物的危害是侵占土地、严重污染土壤、污染水体、污染空气、影响环境卫生。

三、固体废物的减少与处理

处理固体废物的原则是无害化、减量化和资源化。

思考与实践

1. 什么叫固体废物？

2. 根据固体废物的来源不同，固体废物可分为哪几类？

3. 固体废物对环境有哪些危害？举例说明。

4. 为什么要禁止“洋垃圾”越境转移？

5. 城市生活垃圾分类的意义何在？

6. 固体废物有哪些基本的处理方法？

7. 简述固体废物的减量化、资源化、无害化的重要意义。

8. 调查本市垃圾产生、处置情况，并为解决垃圾处理不当所引起的环境问题提出建议性对策。

9. 你自己是怎样处理生活垃圾的？如何改进？

参考书与相关网站

1.《环境保护基础》ISBN：7-5025-4542－5

2.《固体废料处理工程》ISBN：9787030077745

3. 中国科普网 http://www.kepu.ac.cn

4. 中国环保产业信息网 http://china-envir.whlib.ac.cn

第 6 章　其他环境污染及其防治

内容提要：一提到环境污染，人们自然会想到水、大气和垃圾，然而，噪声、电磁辐射、微生物等污染也会给人类带来危害。本章介绍噪声、电磁辐射、光污染、家居装修污染、生物污染、太空污染的危害和控制方法。

学习要点：理解噪声污染及其危害。知道怎样避免电磁辐射对身体的伤害。了解光污染、家居装修污染、生物污染、太空污染。

6.1　噪声污染及其防治

6.1.1　噪声及其特征

1. 声音和噪声

声音是充满自然界的一种物理现象。人类生存的社会环境中需要声音，人们可通过声音传递信息、交流感情；大自然中的风声、雨声、蝉鸣、鸟语和小溪潺潺流水声等谱写了美妙的自然乐章。随着人群生活与生产的频繁和多样化，人们生存的环境中出现了一些过响的或杂乱无章的妨碍人休息和思考的、令人感到不愉快的声音，这些不需要的声音，就是我们平常所说的噪声。

环境噪声是指在工业生产、建筑施工、交通运输和社会生活中所产生的干扰周围生活环境的声音。噪声是一种声波，一种声音是否是噪声，取决于人的生理和心理因素，凡是不需要的、使人厌烦的，对人类生产和生活有干扰和妨碍的，并希望利用一定手段消除掉的声音就是噪声。因此，噪声的概念是主观的、相对的。有些噪声是杂乱无章的，而音乐声是有节奏的、悦耳动听的，但并非听音乐就没有噪声的危害。声音的大小通常用分贝（dB）来表示，一般说话的声音为 40 ~ 60dB，嗓门大的人说话声音可达 60 ~ 80dB，相当于一台针式打印机或一台割草机发出的声响。当声音超过 80 dB 时就有可能对人体的健康状况造成伤害。噪声污染被公认为是当今社会第三大公害。

2. 噪声的种类

一般来说，噪声主要有以下几类：

（1）过响声　指很响的声音，如喷气发动机的排气声，大炮射击的轰鸣声等。

（2）妨碍声　声音虽不太响，但妨碍人们的交谈、思考、学习和睡眠等。

（3）不愉快声　如摩擦声、刹车声、吵闹声等。

（4）无影响声　人们生活中习以为常的声音，如室外风声、雨声、虫鸣等。

3. 噪声的特征与评价

（1）噪声特征　噪声是感觉公害，对噪声影响的评价取决于受害的生理与心理因素。

根据不同时间、不同地区和人处于不同行为状态来决定。

环境噪声是局限性的、分散性的公害，即噪声影响范围的局限性和声源分布上的分散性。噪声声源往往不是单一的。另外，噪声污染也是暂时性的，噪声声源停止发声，噪声即消失。

（2）噪声量度　作为声波，噪声与声音的物理性质是一致的。下面介绍一下与声音强弱有关的物理量和衡量噪声强弱的物理量——声压级。

将声波产生的压力 F 与承受这一压力的面积 S 之比叫做声压 p（单位为 Pa）其定义式为

$$p = \frac{F}{S}$$

声压是衡量声音大小的物理量。正常人听觉有两个界限：刚刚能听到微弱的声音的声压为 2×10^{-5}Pa，这个值称为人耳的听阈，也叫基准声压，用 p_0 表示；使人耳产生疼痛感觉的声音的声压为 20Pa，这个值称为人耳的痛阈，也叫极限声压，用 p_{max} 表示。由于这两个值相差很大，使用不方便，人们又引入另一个物理量——声压级，其定义为

$$L_p = 20\lg\frac{p}{p_0}$$

式中，L_p 是声压级（dB）；p 是被测声压（Pa）；p_0 是基准声压，等于 2×10^{-5}Pa。

有了声压级这个概念，用声压绝对值表示的数百万倍（$2\times10^{-5}\sim20$Pa）变化范围，即可变成区间 0～120（dB）。

（3）A 声级　环境噪声的量度，不仅与噪声的物理量有关，还与人对声音的主观听觉感受有关。人耳对声音的感觉不仅与声压级的大小有关，而且和发声物体的振动频率的高低有关。声压级相同而频率不同的声音，听起来不一样响，高频声音比低频声音响，这是由于人耳的听觉特性所决定的。因此，在声学测量仪器中，设有“A 计权声（压）级”，使接收到的噪声在低频有较大的衰减，而高频不衰减甚至放大。这样，A 计权声级测得的噪声值较接近人耳的感觉，其测得的值称为 A 声级（L_A）。A 声级能较好地反映人们对噪声吵闹的主观感觉，它几乎成为一切噪声评价的基本值。

6.1.2　噪声的来源和危害

1. 噪声源

向外辐射噪声的振动物体称为噪声源。噪声源有自然噪声源和人为噪声源两类。

（1）自然噪声源　由地震、火山爆发、山崩、泥石流等地质地貌的作用产生的空气声、地声和水声，自然界中的潮汐声、雷声、瀑布声、风声及动物发出的吼叫声等，所有这些非人为活动产生的噪声，统称为自然噪声。

（2）人为噪声源　人类在生产生活过程中发出的噪声称为人为噪声。按声源发出的场所不同可分为交通噪声、工业噪声、建筑施工噪声、社会生活噪声。

1）交通噪声：交通噪声是交通运输引起的噪声，它对城市生活环境干扰最大。汽车是城市的主要交通工具，汽车运行时产生的噪声又是突出的。目前，我国机动车辆比国外大城市少得多，但由于车的平均质量较差，产生的交通噪声普遍高于国外。2001 年，对 273 个城市进行了道路交通噪声监测，其中 9.5% 的城市污染严重，16.5% 的城市属中度

污染，48.7%的城市属轻度污染，25.3%的城市道路交通噪声环境质量较好。表6-1列出了一些交通工具对环境产生的噪声污染情况。

表6-1 典型机动车辆噪声

车辆类型	加速时的噪声/dB(A)	均速时的噪声/dB(A)	车辆类型	加速时的噪声/dB(A)	均速时的噪声/dB(A)
重型货车	89~93	84~89	中客车	83~86	73~77
中型货车	85~91	79~85	小轿车	78~84	69~74
轻型货车	82~90	76~84	摩托车	81~90	75~83
公共汽车	82~89	80~85	拖拉机	83~90	79~85

2）工业噪声：工业噪声主要包括工厂、车间的各种机械运转产生的噪声。一些机械设备噪声级范围见表6-2。

表6-2 一些机械设备噪声级范围

设备名称	噪声级/dB(A)	设备名称	噪声级/dB(A)
轧钢机	92~107	柴油机	110~125
切管机	100~105	汽油机	95~110
气锤	95~105	球磨机	100~120
鼓风机	95~115	织布机	100~105
空气压缩机	85~95	纺纱机	90~100
车床	82~87	超声波清洗机	90~100
电锯	100~105	印刷机	80~95
电刨	100~120	蒸汽机	75~80

工业噪声强度大，是造成职业性耳聋的主要因素，它不仅给从事生产的工人带来危害，而且使厂区附近的居民也深受其害。工业噪声源是固定的，一般局限在一定范围内，危害范围小。

3）建筑施工噪声：建筑施工噪声包括打桩机、混凝土搅拌机、挖掘机、推土机等产生的噪声。建筑施工噪声一般为80~100dB（A）。

由于建筑施工现场多在居民区或其附近，对居民的影响很大，尤其是夜间施工严重影响居民的睡眠和休息。

4）社会生活噪声：指由于社会活动、使用家庭机械和电器而产生的噪声。如娱乐场所、商业中心、运动场、高音喇叭、家用、电器等产生的噪声。一般情况下，社会生活噪声在80dB（A）以下，能干扰人们的工作、学习和休息，对人体没有直接的危害。但迪斯科舞厅、随身听超过100dB，爆破及有些打击乐发出的声响可达120dB以上，处于这种环境下人体健康将会遭受极大的伤害。

据近年的统计，在影响城市环境的各种噪声来源中，工业噪声来源比例约占8%~10%；建筑施工噪声影响范围在5%左右（因施工机械运行噪声较高，施工时间不加控制，近年来扰民现象较频繁）；交通噪声影响比例将近30%（因交通工具运行噪声大，又直接向环境辐射，对生活环境干扰最大）；社会生活噪声影响面最广，已经达到47%，是干扰生活环境的主要噪声污染源。

2. 噪声的危害

噪声对人类社会的损害是多方面的（见图6-1），主要有以下几方面：

（1）损伤听力　强噪声使人听力受损，这种受损是积累性的，即只要噪声不是过强（超过115dB（A）以上），事后只产生暂时性的听力损失，经休息后便可完全恢复。如果天天在强噪声下工作，开始虽然可以恢复，但经过一段时间后，就会逐渐形成永久性听力损失。当人耳突然听到极强的噪声时，声波会击破耳鼓膜，造成突然失去听力。

图6-1　噪声的危害

（2）干扰睡眠　睡眠能使人的新陈代谢得到调节，使人的大脑得到休息，从而恢复体力和消除疲劳。保证睡眠是人体健康的重要因素。噪声会影响人的睡眠质量和睡眠时间，连续噪声可以加快熟睡到轻睡的回转，使人熟睡时间缩短，突然的噪声还可使人惊醒。一般40dB（A）的噪声可使10%的人受影响，70dB（A）时可使50%的人受影响；突然噪声达到40dB（A）时使10%的人惊醒，达60dB（A）时可使70%的人惊醒。睡眠对噪声的最高允许值是50dB（A）。

（3）引起疾病　长期在噪声环境下，能引起多种疾病。

1）形成神经性疾病。噪声作用于人的中枢神经，可使人的基本生理过程——大脑皮层兴奋和抑制平衡失调，导致反射异常，使人的脑血管张力受到损害，神经细胞边缘出现染色质溶解，严重的可以导致渗出性血灶，脑电图电位改变，从而产生头痛、脑胀、昏晕、耳鸣、多梦、失眠、心慌和全身无力等临床症状。这些症状在医学上称为神经衰弱症。

2）造成消化系统疾病。噪声作用于人的中枢神经，可引起肠胃机能阻滞、消化液分泌异常、胃酸度降低、胃收缩减退，造成消化不良、食欲不振、恶心呕吐，导致胃病和胃溃疡的发病率升高。

3）影响心血管循环。噪声作用于人的中枢神经，可促使血收缩而变得狭窄，减少心脏对血液的输出，出现心脏不适，全身血液循环减慢，长期下去，将导致心血管无规律活动。

4）噪声对儿童的影响尤为严重，吵闹环境下儿童智力比安静环境中低20%。例如，居住在机场附近的孩子记忆力和其他技能都比居住在安静环境下的孩子差。目前，由噪声引起的除耳病以外的各种疾病正日益蔓延。

（4）损害建筑物　高强度的噪声会损害建筑物。1962年，美国三架军用飞机以超音速低空掠过日本藤泽市，结果使该市许多民房玻璃破碎、烟囱倒塌、荧光灯掉落、商店货架上的物品震落地上，造成很大损失。

6.1.3 噪声的防治

噪声声源、介质传播和接受者是构成噪声污染的三个必要条件。因此治理噪声污染应从消除或降低噪声声源、控制噪声的传播途径和保护噪声的接受者这三方面入手。

（1）声源控制　防治噪声首先要控制噪声声源。运转的设备和交通工具是噪声的主要来源，可通过生产工艺的改造能降低噪声，如用焊代铆、以液压代替锻造；改善机械润滑性能和避免撞击；还可通过减震技术降低噪声，如机器碰撞处用弹性材料代替金属以缓冲撞击力等。

（2）噪声的传播途径控制　噪声在传播中遇到障碍物会被吸收、反射、折射和绕射，进而被减弱，而且效果相当明显。控制技术分为吸声、隔声、消声等。利用吸声材料如玻璃棉、泡沫塑料、吸声砖等贴附墙上，既吸收又反射；利用障碍物来隔绝声音的传播，并将高频声反射回声源，公路两边增加绿色地带，也可以起到隔声的作用；消声是在空气动力设备的进、排气管道上安装消声器，使声音能在消声器中被吸收和反射，达到降低噪声的目的。另外，声音在传播过程中能量是不断衰减的，因此选择厂址应离居民生活区远些。

（3）对接受者采取保护措施　由于条件所限，有的噪声不能在声源处和传播途径中进行控制，或者控制效果不佳，使人不得不在高噪声环境下工作，这时应采用自我保护的方法，如配戴耳塞、耳棉、耳罩、防声头盔等。采用个人防护是最有效和最经济的防噪声方法。

课堂练习：城市噪声的主要来源有哪些?

6.2 电磁辐射污染及其防治

6.2.1 电磁辐射污染

近年来，随着科学技术的发展，各种电器产品的使用已相当普及，在改善人们生活、提高生活质量的同时，也随之带来了人们意想不到的事情，即电磁辐射污染。

电磁辐射是指电场与磁场周期性的变化所产生的电磁波在空间的传播。各种电器、电子设备，包括广播电台、电视台、微波电器、无线电通信设备，以及工业、医疗、科研、军事中的电子设备和彩电、空调、计算机、手机等，在正常工作时都会产生各种不同波长和频率的电磁辐射场。

电磁辐射污染主要是反映当电磁场的强度达到一定限度时，对人体机能产生的破坏作用。目前，电磁污染已被确认为世界上继水体污染、大气污染、噪声污染之后的第四大污染。它是一种看不见、摸不着、闻不到的，却又无处不在、无处可躲的污染。在各种人群中，胎儿对电磁污染最敏感，也最容易受到侵害。

6.2.2 电磁辐射污染源

（1）天然的电磁辐射污染源　最常见的是大气中的雷电电磁干扰。此外，宇宙的电磁场的自然辐射、火山爆发、地震和太阳黑子活动等都会产生电磁干扰。

(2) 人工电磁辐射污染源 是指人工制造的各种电子系统、电气和电子设备产生的电磁辐射。包括以下三种：

1）脉冲放电，例如电力线由于高压电引起的静电感应，电晕放电、电火花放电等产生的很强的电磁干扰。

2）工频交变电磁场，如大功率电动机、变压器以及输电线等附近的电磁场。

3）射频电磁辐射，主要指无线电、电视和各种射频设备在工作过程中所产生的射频辐射。

图 6-2 电磁辐射污染

6.2.3 电磁辐射的危害

据中国装修协会室内环境监测中心的专家介绍，关于电磁辐射对人体危害的研究，国内外多数专家有着共识，他们认为电磁辐射对人体有着潜在的危害（见图 6-2），主要有六个方面：

1）电磁辐射是造成儿童白血病的原因之一。医学研究证明，长期处于高电磁辐射环境中，会使血液、淋巴液和细胞原生质发生改变。意大利专家认为，意大利每年有 400 多名儿童患有白血病，主要原因是他们的生活环境距高压线太近，受到了严重电磁污染。

2）能诱发癌症并加速人体的癌细胞增殖。电磁辐射会影响人体的循环系统免疫、生殖和代谢功能，严重的还会诱发病症，并会加速人体的癌细胞增殖。瑞士科学家指出，周围有高压线经过的住户居民，患乳腺癌的概率比常人高 7.4 倍。美国德克萨斯州病症医疗基金会针对一些遭受电磁辐射损伤的病人所做的抽样化验结果表明，在高压线附近工作的人癌细胞生长速度比一般人快 24 倍。

3）影响人的生殖系统。主要表现为男子精子质量降低，孕妇发生自然流产和胎儿畸形等。我国某省对 16 名电脑操作员的追踪调查发现，接触电磁辐射污染源的操作员月经紊乱明显高于对照组，8 人 10 次怀孕中就有 4 人 6 次出现异常妊娠。有关研究报告也指出，孕妇每周使用 20 小时以上的计算机，流产率增加 80%，同时畸形儿出生率上升。

4）导致儿童智力残缺。据最新调查显示，我国每年出生的 2000 万儿童中，有 35 万是缺陷儿，其中 25 万智力残缺。有关专家认为电磁辐射也是影响因素之一。世界卫生组织认为，计算机、电视机、移动电话的电磁辐射对胎儿有不良影响。

5）影响人的血管系统。主要表现为心悸、失眠，女性经期紊乱、心动过缓，心搏血量减少，窦性心率不齐、白细胞减少，免疫功能下降等。如果装有心脏起搏器的病人处于高电磁辐射的环境中，会影响心脏起搏器的正常使用。

6）对人们的视觉系统有不良影响及破坏人体原有的生物电流和生物磁场，使人体内原有的电磁场发生异常。值得注意的是，不同的人或同一个人在不同年龄段对电磁辐射的承受能力是不一样的，老人、儿童、孕妇是对电磁辐射敏感的人群。

电磁辐射还可以对精密仪器设备造成干扰，使自动控制失灵、飞机失事、导弹发射异位，从而造成重大事故。

6.2.4 预防电磁辐射污染的对策

（1）注意室内办公和家用电器的摆放　不要把家中电器摆放得过于集中，使自己暴露在超剂量辐射的危险中。特别是一些容易产生电磁辐射的家用电器，如收音机、电视机、电脑、冰箱等电器，更不宜集中摆放在卧室里。

（2）注意使用办公和家用电器的时间　各种家用电器、办公设备、移动电话等都应尽量避免长时间操作，同时尽量避免多种家用电器同时启用。电视、电脑等电器需要长时间使用时，应注意至少每一小时离开一次，以减少眼睛的疲劳程度和所受辐射的影响。当电器暂停使用时，最好不处于待机状态，因为此时可产生较微弱的电磁场，长时间会产生辐射积累。

（3）注意人体与办公和家用电器的距离　对各种电器的使用应保持一定的安全距离，与电器越远，受到的电磁波侵害越轻。彩电与人体的距离应为4～5m，人与荧光灯的距离应为2～3m、微波炉在开启之后至少离开1m远，孕妇和小孩尽量远离微波炉，手机按通瞬间释放的电磁波最大，在使用时应尽量使头部与手机天线距离远一些，最好使用分离耳机和话筒接听电话。

（4）注意电磁辐射污染的环境指数　有关专家提醒，五种人特别要注意这一条，第一是生活和工作在高压线、变电站、电台、电视台、雷达站、电磁发射塔的人员；第二是经常使用电子仪器、医疗设备、办公自动化设备的人员；第三是在现代电器自动化环境中的工作人员；第四是佩戴心脏起搏器的患者；第五是生活在以上环境里的孕妇、儿童、老人及病患者等，都应了解室内电磁辐射污染的程度，如果环境中的电磁辐射污染比较高，就必须采取相应的措施。

思考与讨论：日常生活中有哪些电磁辐射？

6.3 其他污染及其防治

6.3.1 光污染及其危害

光驱散了黑暗，给人们带来了五彩缤纷的世界，但过亮的光也给人们带来了不良的影响，产生了光污染。光污染是一种特殊的污染，主要是指各种光源（日光、灯光以及各种反、折射光）对周围环境和人的损害作用，它包括可见光、激光、红外线、紫外线等造成的污染。

1. 可见光污染

可见光污染包括白亮污染（眩光污染）、人工白昼、彩光污染和激光污染。

（1）白亮污染　白亮污染是一种过强的光线照射，它明晃白亮、眩眼夺目。长时间在白色光亮污染环境下工作和生活的人，视网膜和虹膜都会受到程度不同的损害，视力急剧下降，白内障的发病率高达45%；还会使人头昏心烦，甚至发生失眠、食欲下降、情绪低落、身体乏力等类似神经衰弱的症状。眩光的成因有许多，如建筑物的玻璃幕墙、釉面砖墙、磨光大理石和各种涂料等装饰反射光线；汽车夜间行驶时用的车头大灯、电焊时的弧光等光源产生的光。

高楼大厦上安装的玻璃幕墙就像一大块几十米宽、近百米高的巨大镜子，它能对阳光、交通情况和红绿灯进行反射（甚至是多次反射），反射光进入高速行驶的汽车内，会造成人的突发性暂时失明和视力错觉，在瞬间会遮住司机的视野，或使他感到头昏目眩，严重地危害行人和司机的视觉功能，引发交通事故。那些建在居民小区附近的玻璃幕墙，会对周围的建筑形成反光。据光学专家研究，镜面建筑物玻璃的反射光比阳光照射更强烈，其反射率高达82%～90%，光几乎全被反射，大大超过了人体所能承受的范围。夏日将阳光反射到居室中，强烈的刺目光线最易破坏室内原有的良好气氛，也使室温平均升高4～6℃。

(2) 人工白昼　夜幕降临后，都市里的商场、酒店外面的广告灯、霓虹灯闪烁夺目，令人眼花缭乱；有些强光束甚至直冲云霄，使得夜晚如同白天一样，即所谓人工白昼。在这样的“不夜城”里，夜晚难以入睡，扰乱人体正常的生物钟，导致白天工作效率低下。人工白昼还会伤害鸟类和昆虫，例如强光可能破坏昆虫在夜间的正常繁殖过程。

(3) 彩光污染　节日里彩灯和焰火的光芒明暗交替，加深了节日的气氛；舞厅、夜总会安装的旋转灯、荧光灯以及闪烁的彩色光源构成了彩光污染。彩色光源让人眼花缭乱，不仅对眼睛不利，而且干扰大脑中枢神经，使人感到头晕目眩，出现恶心呕吐、失眠等症状。科学家最新研究表明，彩光污染不仅有损人的生理功能，还会影响心理健康。

(4) 激光污染　激光是由激光器发出的一种特殊的光，颜色单一，光束笔直，强度极大，能量集中，击穿力强，应用广泛。但使用不当会对人体造成伤害。激光通过人眼晶状体的聚焦后光强度可增大几百至几万倍，对人眼有较大的伤害作用，甚至会伤害眼角膜、结膜、虹膜和晶状体，乃至人体的深层组织和神经系统。

2. 不可见光污染

(1) 红外线污染　主要是指热作用强度很大的红外线，它们照射人体时会烧伤皮肤。长期的红外线照射还可使眼底视网膜、角膜烧伤，甚至引起白内障。

(2) 紫外线污染　除太阳辐射的天然紫外线以外，还有焊接电弧光，紫外线杀菌灯，各种高、低压汞灯等人工辐射紫外线。紫外线能破坏人体的抗病能力，降低人体的免疫功能，诱发各种疾病；危害呼吸器官和眼睛；促使慢性病复发以及皮肤癌发病率增高。

3. 光污染的防治

由于光污染危害是潜在的，其认定缺乏界定标准，因此，一直未能引起社会的充分重视。目前，世界各国对光污染还没有制定出相关的法规，还没有形成完整的研究、控制系统和相应的防治措施。同时，光污染很难像其他环境污染那样通过分解、转化和稀释等方式消除或减轻，因此，其防治应以预防为主。

1) 在城市规划和建设中，加强管理，合理布置光源，减少光污染的来源。对城市主干道、立交桥、高架桥两侧的建筑物的设计和装修提出限制。在闹市区、居民密集区、各交叉道口，不宜使用玻璃幕墙。其他地方建造玻璃幕墙也不使用单一的玻璃幕墙，可用钢板、铝板、合金板、大理石板、搪瓷烧结板等材料，通过合理设计，将玻璃幕墙和钢、铝、合金等材质的幕墙组合在一起，不但可使高层建筑物更加美观，还可更有效地减少幕墙反光而导致的光污染。

2) 加强个人防护意识，做好防范措施。不要在光污染地带或强光照射下长时间停留，必要时可戴防护眼镜（如墨镜、变色镜等）和防护面罩。

思考与讨论：在城市规划和建设中，如何避免造成光污染？

6.3.2 家居装修污染

现代的家庭装修给人们营造了美丽温馨的爱居，但大量的装修材料的使用也引来了“隐形杀手”——装修污染。

1. 装修材料中的污染物及危害

（1）甲醛　是一种无色、有强烈刺激性气味的气体。易溶于水、醇和醚。甲醛在常温下是气态，通常以水溶液形式出现。其40%的水溶液称为福尔马林，此溶液沸点为19℃，故在室温时极易挥发，并随着温度的上升挥发速度加快。

甲醛来源于装饰材料及新的组合家具，例如胶合板、大芯板、中纤板、刨花板（碎料板）等装修材料及家具中的粘合剂；泡沫做成的房屋防热、御寒的绝缘材料等。

甲醛可导致嗅觉异常，刺激过敏，肺、肝免疫功能异常。当室内空气中的甲醛含量为0.1～0.7mg/m^3时就有异味和不适感，会造成刺眼流泪、咽喉不适或疼痛、恶心呕吐、咳嗽胸闷、气喘甚至肺水肿；达到30mg/m^3，会立即致人死亡。长期接触低剂量甲醛可引起慢性呼吸道疾病，引起鼻咽癌、结肠癌、脑瘤、月经紊乱、细胞核的基因突变，还可引起新生儿染色体异常、白血病、青少年智力下降。儿童和孕妇对甲醛尤为敏感，危害也就更大。

（2）苯系物　这里指的是苯、甲苯、二甲苯，它们都是无色透明油状液体，具有强烈芳香的气体，易挥发为蒸气、易燃、有毒。

苯系物来自油漆、涂料、捻缝胶、粘合剂、人造板、隔热板、塑料板材、壁纸、地板革、地毯、化纤窗帘等。

苯对造血系统有危害，可致贫血、感染、皮下出血等。长期低浓度暴露会伤害听力，导致头痛、头昏、乏力、苍白、视力减退及平衡功能失调问题。皮肤反复接触苯可导致红肿、干燥、起水疱，同时对人体有致癌作用，能发展为白血病，还影响生殖系统，在长期严重暴露后还会有遗传影响。甲苯在暴露情况下，如用鼻吸进，会使大脑和肾受到永久损害。如母亲在怀孕期间受到苯系物侵害，毒性可能会影响婴儿而产生缺陷。皮肤接触二甲苯会产生干燥、皲裂和红肿，神经系统也会受到损害，还会使肾和肝受到损伤。

（3）氨气　氨是一种无色而且具有强烈刺激性臭味的气体，溶解度极高。主要来自建筑施工中使用的混凝土添加剂（尿素和氨水）。

短期内吸入大量氨气后可出现流泪、咽痛、声音嘶哑、咳嗽、痰带血丝、胸闷、呼吸困难，或伴有头晕、头痛、恶心、呕吐、乏力等症状，严重者可发生肺水肿、成人呼吸窘迫综合症，同时可能发生呼吸道刺激症状。部分人长期接触氨可能会出现皮肤色素沉积或手指溃疡等症状。

（4）总挥发性有机物（TVOC）　VOC是指沸点范围在50～100℃到240～260℃之间的化合物。VOC在施工中大量挥发，而在使用中缓慢释放。

VOC来源于快干漆、涂料、胶粘剂、化妆品、有机氯化物、氟利昂、地面或墙面装饰材料、家具、地毯、地板蜡、空调管道衬套等。

当 VOC 浓度为 3.0～25mg/m^3 时，会产生刺激和不适，与其他因素联合作用时，可能出现头痛；当 VOC 浓度大于 25mg/m^3 时，除头痛外，可能出现其他的神经毒性作用。常见的症状为眼睛不适、浑身赤热、干燥、头痛、疲倦、喉部不适等。

(5) 放射性污染（氡气） 氡是由放射性元素镭衰变产生的自然界唯一的天然放射性气体，它无色无味。来源是地层深处含有铀、镭、钍的物质通过断裂带进入土壤，并沿着地的裂缝扩散到室内、低层住房；或是放射性较高的装修石材。

放射性污染的危害有体内辐射和体外辐射。体内辐射主要来自于放射性氡气在空气中衰变而形成一种放射性物质氡及其子体。氡气作用于人体的同时会很快衰变成人体能吸收的核素，进入人的呼吸系统造成辐射损伤，诱发肺癌。统计资料表明，氡已成为人们患肺癌的主要原因，美国每年因此死亡的达 5000～20000 人，我国每年也约有 50000 人因氡及其载体致肺癌而死亡。另外，氡还对人体脂肪有很高的亲和力，从而影响人的神经系统，使人精神不振，昏昏欲睡。体外辐射主要是指天然石材中的辐射体直接照射人体后产生的一种生物效果，会对人体内的造血器官、神经系统、生殖系统和消化系统造成损伤。

2. 装修污染的防治

(1) 选择达标产品的装修材料 国家质量监督检验检疫总局和国家标准化管理委员会发布了《室内装饰装修材料有害物质限量》等 10 项国家标准，自 2002 年 1 月 1 日起正式实施。2002 年 7 月 1 日起，市场上停止销售不符合该国家标准的产品。该标准分别对人造板类、溶剂类、涂料类、粘合剂类、木家具、壁纸类、聚氯乙烯卷材地板、地毯类、混凝土中添加剂释放的有害物质及建筑材料的放射性等十方面规定了标准。我们在选择使用装修材料时，要知道它们有哪方面的污染，然后严格按照国家规定标准进行选择。石材瓷砖类有放射性污染，特别是一些花岗岩等天然石材，放射性物质含量比较高；油漆、涂料、胶水类是造成室内空气中苯和甲醛污染的主要来源；木质板材类，比如各种复合地板、大芯板、贴面板以及密度板等，是造成室内甲醛污染的主要来源。要注意是否是正规厂家生产的产品、有无产品的检测报告、品牌等。如果自己不放心，可以拿一块样品到室内环境检测单位进行放射性检测，看其是否达标。千万不要图便宜购买假冒产品。

(2) 合理安排室内通风 将有效降低室内有毒有害气体的含量。选择了达标产品是指有害物质在国家标准的限量之内的产品，它所释放的有害物质人体能够承受。但少量的有毒有害气体仍对人体健康不利。当加大通风量后，家装材料中释放出的有害物质的含量也相对降低。特别是装修后，不要马上入住，应经过一段时间的通风，再入住。调查显示，1000 户家庭中，装修半年内检测超标的占 70.6%，6～12 个月超标的占 10.8%，即使装修了 2 年仍超标的还有 7.5%。可见，室内通风会大大减少有害物质对人体的危害。

(3) 为室内购买家具和其他装饰用品的污染留好提前量 因为室内空气污染是各种污染物质在室内空气中累加的，如果装修工程结束时室内有害物质已经在国家标准上下，那么再购买家具和其他装饰用品，而这些物品中也会释放有害气体，就会造成室内污染物质超标。这里提醒装饰公司的设计师们，设计时特别要为业主注意这点。我国已于 2002 年 11 月 19 日批准发布了《室内空气质量标准》（GB/T 18883—2002），自 2003 年 3 月 1 日起实施。必要时可请环保部门对室内空气质量进行一次检测。

思考与讨论：板材、油漆、粘合剂、石材等装修材料各有哪些污染？

6.3.3 生物污染

生物污染是指细菌、真菌（包括真菌孢子）、花粉、过滤性病毒和尘螨等生物类环境污染物构成的生物性污染，一般是由有害的外来生物侵入并造成原有生态的破坏所产生的。生物污染有四类：一是霉菌，它是造成过敏性疾病的最主要原因；二是来自植物的花粉；三是由人体、动物、土壤和植物碎屑携带的细菌和病毒；四是尘螨以及猫、狗和鸟类身上脱落的毛发、皮屑。

1. 生物入侵

生物入侵是指某种生物从外地自然传入或人为引种后成为野生状态，并对本地生态系统造成一定危害的现象。外来生物在其原产地有许多防止其种群恶性膨胀的限制因子，其中捕食和寄生性天敌的作用十分关键，它们能将其种群密度控制在一定数量之下。因此，那些外来种在其原产地通常并不会造成较大的危害。但是一旦它们侵入新的地区，失去了原有天敌的控制，其种群密度则会迅速增长并蔓延成灾。

外来生物入侵一般有三种途径：一是人为引进后演化成入侵物种，即有意识引进；二是随贸易、运输、旅游等活动传入，即无意识引进；三是自身扩散传播，即自然入侵。据分析，我国目前已有的外来入侵有害物种中，半数以上是人为因素造成的。

（1）生物入侵的四大危害

1）生态遭到破坏。外来生物成功入侵后，大量繁殖，迅速生长，难以控制，造成生态环境破坏，形成生物污染。如20世纪60~80年代，我国为保护滩涂，从英美等国引进大米草。经人工种植和自然繁殖，在我国北起辽宁锦西县，南到广东电白县80多个县市的滩涂上有分布。近年来，大米草在一些地区疯狂扩散，难以控制，破坏了近海生物环境，造成沿海养殖的多种生物死亡，堵塞航道，影响海水交换，导致水质下降并诱发赤潮；同时与沿海滩涂植物竞争生长空间，致使大片红树林消亡。

2）生物多样性消失。外来物种如果生存和繁殖能力强，则会压制和排挤本地物种，形成优势种群，导致生物多样性消失。云南昆明滇池1000公顷（1公顷 = $1\times10^4m^2$）水面上近100%覆盖着水葫芦。20世纪60年代前，滇池有水生植物16种，水生动物68种，到了20世纪80年代，大部分水生植物相继消亡，水生动物只剩30余种。

3）农林业损害。许多外来生物造成农作物和牲畜死亡，对农林业生产造成巨大威胁。这些外来生物的入侵仅对农林业造成直接经济损失每年达574亿元。每年松材线虫、美国白蛾等害虫危害森林150万公顷；稻水象甲、非洲大蜗牛、美洲斑潜蝇等危害森林140万顷（15顷 = 100公顷）。1994年美洲斑潜蝇入侵我国，目前发生面积1000万亩，每年防治费用4.5亿元。

4）威胁人类健康。豚草、三裂叶豚花粉是引起人体过敏性症状——枯草热的主要病原。空气中每立方米有豚草花粉40~50颗，人就会感染枯草热（秋季花粉症）。美国每年豚草病患者1460万人，加拿大有80万人。江西医学院第一附属医院，每年收诊2000多花粉过敏者，其中近半数是豚草花粉引起的。还有近年来发生的口蹄疫、疯牛病，甚至艾滋病，都严重威胁人类的健康。

据不完全统计，目前入侵我国的外来物种有400多种，其中危害较大的有100余种。在世界自然保护联盟公布的全球100种最具威胁的外来物种中，我国就有50余种。近年来入侵我国的外来生物更是呈现出传入数量增多、传入频率加快、蔓延范围扩大、发生危害加剧、经济损失加重等趋势。

(2) 防止生物入侵的对策

1) 加强立法。我国现行的动、植物卫生检疫法规，是为防范外来有害生物入侵而制定的，而且是针对性检疫，只对已知的特定有害生物进行检疫；农业法、森林法、种子法、渔业法、环境保护法等相关法规，也未明确涉及外来生物入侵的防范。我国目前没有统一的防治生物入侵的法律法规，应该尽早制定外来生物入侵防治法。

2) 加强宣传。有关宣传部门要宣传外来生物入侵的危害和防范措施，提高公众的防范意识。例如提醒入境旅客不要随便将生物带进来，更不要随便将外来生物释放到自然环境中去，如果确有必要带进外来生物，必须征得有关部门同意。

3) 加强研究。即组织有关各方面的专家，包括生物学、生态学、医学、兽医学、植物保护学等学科，共同研究可能入侵的生物种类、分布，对其风险进行评价和分析，并探究控制技术与对策，跟踪国外境外有害生物发生发展动态，确定防范重点，制定防范规划。对已入侵生物，研究防治办法，并研究有些入侵生物的经济利用的途径，变废为宝。

4) 加强监管。外来生物的监管涉及社会的方方面面，仅靠某个或某几个部门是不够的。农业、林业、卫生、环保、贸易、海关、检疫、科技等部门需要统一思想，加强协调。海关和检疫部门对入侵的各种交通工具、旅行者携带的行礼、各种货物加强检查，共同拒外来生物于国门之外。在引进外来物种时，需要进行充分的、科学的评估和分析，全面、动态地考虑，不能仅看重眼前经济效益和局部利益；引进后需注意观察；释放后要跟踪，从国家利益高度全面管理外来物种。

5) 防治结合。注重预防，即海关、检疫等部门要监测国际上外来生物入侵地动态，进行分析，研究防范的法规和技术措施。同时，边境地区有关政府部门，要继续加强检测，防范外来生物的自然入侵。一旦发现入侵外来生物，应立即采取行动严格控制其扩散，并予以根除。对已传入的入侵生物，应及时采取措施，加强围堵，尽早控制。

2. 微生物污染

微生物污染是指对人和生物有害的微生物、病原体和寄生虫等污染水、空气、土壤和食品，并因此影响生物产量和质量，危害人类健康的污染。

(1) 微生物污染严重影响食品安全　据2000~2002年中国疾病预防控制中心营养与食品安全所对全国部分省市的生肉、熟肉、乳和乳制品、水产品、蔬菜中的致病菌污染状况进行的连续主动监测的结果表明，微生物性食物中毒仍居首位，占39.62%，化学性食物中毒占38.56%，动植物性和原因不明的食物中毒均在10%左右。据世界卫生组织估计，全世界每年有数以亿计的食源性疾病患者中，70%是由于食用了各种致病性微生物污染的食品和饮水。

在微生物污染中，细菌性污染是涉及面最广、影响最大、问题最多的一种污染。在食品的加工、储存、运输和销售过程中，由于原料受到环境污染，杀菌不彻底，贮运方法不当以及不注意卫生操作等是造成细菌和致病菌超标的主要原因。

食品中微生物污染的控制，主要是注意环境卫生（含生产环境）和个人卫生，在生产、加工、运输和销售环节中注意严格的卫生管理和卫生监督监测，建立消毒制度。

(2) 室内环境中的生物污染　室内的细菌、真菌、过滤性病毒和尘螨等产生生物性污染。这类污染物种类繁多，可以引起人们的过敏性疾病及呼吸道疾病。室内空气生物污染因子主要有以下几种：

1）霉菌：霉菌是一种能够在温暖和潮湿环境中迅速繁殖的微生物，其中一些能够引起恶心、呕吐、腹痛等症状，严重的会导致呼吸道及肠道疾病，如哮喘、痢疾等。患者会因此精神萎靡不振，严重时则出现昏迷、血压下降等症状。

法国国家卫生与医学研究所专家的一项研究显示，在成年人中，各类霉菌导致的哮喘比花粉及动物皮毛过敏导致的哮喘要严重得多。研究人员对欧洲1100多名成年哮喘患者的病例档案进行研究分析后发现，对霉菌过敏的患者患严重哮喘的可能比对其他物质过敏的患者高两倍。

2）尘螨：尘螨是最常见的空气微小生物之一，是一种很小的节肢动物，不易被肉眼发现。尘螨是引起过敏性疾病的罪魁祸首之一。室内空气中尘螨的数量与室内的温度、湿度和清洁程度相关。近年来，家庭装饰装修中广泛使用地毯、壁纸和各种软垫家具，特别是空调的普遍使用，为尘螨的繁殖提供了有利的条件，这也是近年来室内尘螨剧增的原因之一。

根据室内环境监测中心的监测数据，铺地毯的房间尘螨密度远远高出其他地面，不洁空调吹送出来的螨虫至少在万只以上。尘螨对人体的有害作用主要是其产生的致敏源引起的。尘螨的致敏作用，最典型的是诱发哮喘，同时还可以引起过敏性鼻炎、过敏性皮炎、慢性荨麻疹等。上海医科大学的温廷桓教授研究证明：螨虫给新生儿和儿童带来的病痛和不适，甚至可能伴随终身。

3）军团菌：目前已知军团菌是一类细菌，可寄生于天然淡水和人工管道水中，也可在土壤中生存。研究表明，军团菌可在自来水中存活约1年，在河水中存活约3个月。军团病的潜伏期为2~20天不等。主要症状表现为发热、伴有寒颤、肌疼、头疼、咳嗽、胸痛、呼吸困难，病死率高达15%~20%，与一般肺炎不易鉴别。

我国的一项调查表明，军团病占成人肺部感染的11%，占小儿肺部感染的5.45%。军团病全年均可发生，以夏秋季为高峰。军团菌经空气的传播性很强，但目前尚未能证实人与人之间的传播。老年人、吸烟酗酒者以及免疫功能低下者易患此病。北京、南京、重庆、石家庄、唐山等地，近年都有军团病散发病例报告。2005年冬天，某医院曾收治过两位肺炎患者，经血清学证实为博杰曼型军团菌引起。调查发现，由于新建楼房墙壁尚未干燥，室内十分潮湿，室内空气中溶胶雾漂浮，174人中66人感染了军团菌。

4）动物皮屑及具生物活性的物质：近年来喂养宠物逐渐成为一些居民的嗜好。但是宠物皮屑及其产生的其他具生物活性的物质，如毛、唾液、尿液等对空气的污染也会带来健康危害，主要是可以使人产生变态反应。

室内有宠物时，空气中变态反应原的含量增加。有宠物房屋内变态反应原的含量可以是无宠物房屋内的3~10倍。据调查，普通人群中对猫、狗的变态反应原有过敏反应的大约有15%。因而，喂养宠物的室内空气环境会使这部分人群的哮喘、过敏性鼻炎等变态反应性疾病发生率升高。

3. 减少室内生物污染的方法

1）保持家居、办公室及其他室内环境清洁。定期清洗有助于削减尘螨及其他导致过敏的源头。

2）保持室内空气流通及室内空气清洁干爽，清除能引致真菌滋生的水源或潮湿源头。使用空调的房间应经常开窗换气。

3）在厨房和浴室安装及使用换气扇，将废气抽出室外排放。

4）写字楼的通风系统很容易受细菌和真菌污染，应采用有效的预防性检修计划，使用有效的隔尘网来减少真菌孢子和粒子进入空调的通风系统，并定期清洗隔尘网。

5）注意个人和室内环境卫生，做到勤洗澡、勤换衣、勤剪指甲、勤理发、勤晒被褥、勤打扫卫生、勤消毒。

6）注意饲养的宠物的卫生，特别是家中有儿童、孕妇的一定要注意。

7）定期到相关的卫生机构对中央空调和冷热水进行检测，一旦发现军团菌检测阳性和含量超标，就应当立刻采取有效的消毒措施。

8）居室适当的绿化，能改善室内环境，既能给居室增添盎然生机，又能使环境雅洁清新，因为绿色植物有净化空气、除尘、杀菌和吸收有害气体的功用。

9）定期进行室内环境中的生物污染的检测。

思考与讨论：生活中如何避免自由微生物污染？

6.3.4　太空污染

1957 年 10 月 4 日，是一个永载史册的日子。前苏联成功地将“卫星一号”送入太空，揭开了人类探索宇宙的序幕。宇航事业的发展，给人类展示了飞出地球的美好前景，但是也对地球周围的宇宙环境造成了污染。

太空垃圾大体可分为三类：一类是用现代雷达能够监视和跟踪的比较大的物体，主要有各种卫星、卫星保护罩、火箭推进器及各种部件等；第二类是体积小的物体，如发动机等在空间爆炸时产生的碎片，其数量估计至少有几百万颗；第三类是核动力卫星及其产生的放射性碎片。目前太空垃圾已多达 9000 多块直径 10cm 以上的碎片，总量达 5500 多 t。

太空垃圾密布在地球周围，以第一宇宙速度（11.2km/s）运行，对卫星飞船构成严重的安全隐患，也阻碍航天事业进一步发展。一颗迎面而来的、直径 0.5mm 的金属微粒足以戳穿密封的宇航服；一块仅有阿斯匹林药片大的残骸可将人造卫星撞成“残废”，也可将造价上亿美元的航天器送上绝路。

根据美国太空监视网络系统的监控，2005 年 1 月 17 日，距离地球表面 885km 的近地轨道，寂静的太空突然传出震耳欲聋的巨响，黑暗中闪出一团巨大的红色火球，随后大小不一的碎片伴随着巨大的冲击波迸向四方！这是在近地轨道运行了 31 年的美国火箭残骸与也在近地轨道飞行了 5 年的中国火箭残骸当空相撞！是十分罕见及惊人的撞击事件。

令人意外的是，原来“井水不犯河水”的两截火箭残骸在运行过程中因其中一截突然改变轨道导致不期而遇。1 月 17 日，双方的运行轨道重叠，结果导致迎头相撞，继而爆炸。

而在历史上的太空相撞事件中，“犯罪记录”最突出的就是“阿丽亚娜”号火箭的残骸。1986 年，“阿丽亚娜”火箭进入轨道之后不久便爆炸，释放出 564 块 10cm 大小的残骸和 2300 块小碎片。后来这些残骸和小碎片在绕地球轨道飞行的过程中，先后导致两颗日本通信卫星和一颗法国卫星“命赴黄泉”！

据计算，目前太空轨道上每个飞行物发生灾难性碰撞事件的几率为3.7%，发生非灾难性撞击事件的可能性为20%。以此推算，今后每5~10年将可能发生一次太空垃圾与航天器相撞事件，但是到了2020年，这种频率就将上升到2年一次。

据有关专家介绍，在环地球轨道上，太空垃圾数量正以每年2%~5%的速度增加。科学家们预测：若以此速度增加，将会导致灾难性的连锁碰撞事件发生，如此下去，到2300年，任何东西都无法进入太空轨道了。

为了防止宇宙飞船、轨道空间站等航天器免受太空垃圾的碰撞，多年来，各国科研人员一直在积极探索解决太空垃圾的问题。

宇航专家们提出了许多对策，归结起来可用“避、禁、减、清”四个字来概括。所谓“避”，就是加速发展现代太空监视系统，对太空垃圾进行严密的监视与跟踪，并采取有效的技术手段，使航天器及时避开太空垃圾。所谓“禁”，就是国际上制定有关空间法规，禁止在空间进行试验和部署各种武器，限制发射核动力卫星，使空间成为为人类文明服务的和平空间。所谓“减”，就是发射航天器的国家应采取措施，尽量减少太空垃圾的增加。对末级火箭采取未燃尽推进剂和高压气体排空，避免末级火箭爆炸。所谓“清”，就是发展太空垃圾清除技术，对已完成任务的运载火箭末级，采取转移轨道措施，使其返回大气层烧毁；对已达到预定寿命的卫星，让其获得逃逸速度，远离近地空间或转用清除装置进行清除。

近年来，我国航天事业飞速发展，对威胁航天事业的“太空垃圾”问题我国也十分重视。早在1995年6月，中国国家航天局就正式加入了“机构间空间碎片协调委员会”，并已于2005年3月初正式成立针对“太空垃圾”的观测中心——“中国科学院空间目标与碎片观测研究中心”，为我国建立空间航天安全预警系统。该中心聚集了我国空间碎片研究领域10多名高级专家，对已发现的“太空垃圾”进行实时跟踪监测，并搜索尚未发现的“空间垃圾”，同时对航天器发射和在轨运行时可能碰撞的“太空垃圾”进行预警技术研究，力争将空间碎片的危害降到最小。

思考与讨论：重视太空污染的意义何在？

本章小结

一、噪声污染及其防治

1. 噪声：人们生存的环境中出现了一些过响的或杂乱无章的妨碍人休息和思考的、令人感到不愉快的声音称为噪声。

2. 噪声的来源和危害：噪声的来源有自然噪声、交通噪声、工业噪声、建筑施工噪声、社会生活噪声。噪声的危害有损伤听力、干扰睡眠、引起疾病等。

3. 噪声的防治：噪声的防治方法是声源控制、噪声的传播途径控制、对接受者采取保护措施。

二、电磁辐射污染及其防治

1. 电磁辐射污染主要是反映当电磁场的强度达到一定限度时，对人体机能产生的破坏作用。

2. 电磁辐射污染源分为天然的电磁辐射污染源和人工电磁辐射污染源。

3. 电磁辐射对人体的危害有六方面：造成儿童白血病的原因之一、能诱发癌症并加速人体的癌细胞增殖、影响人的生殖系统、导致儿童智力残缺、影响人的血管系统、对人们的视觉系统有不良影响及破坏人体原有的生物电流和生物磁场。电磁辐射还可以对精密仪器设备造成干扰，使自动控制失灵、飞机失事、导弹发射异位，从而造成重大事故。

三、其他污染及其防治

其他污染有光污染、家居装修污染、生物污染和太空污染。

思考与实践

1. 从环境保护的角度说一说噪声的含义。
2. 噪声有哪些危害?
3. 减弱噪声有哪些方法?
4. 我国各级部门在控制噪声方面采取了哪些措施? 你自己在减弱噪声上将做些什么?
5. 什么是电磁污染? 它有什么危害?
6. 什么是光污染? 可见光污染有哪几种形式?
7. 室内装修污染的有毒气体有哪些?
8. 室内污染对人体健康有怎样的影响?
9. 检查你身边有哪些污染? 如何预防?

参考书与相关网站

1.《声学学报》CN11-2065/04
2.《应用声学》CN11-2121/04
3.《保护人类共同的家园——地球》(王宁主编)
4. 中国装修污染防治网 http://www.ehe99.com
5. 中国电磁兼容网 http://www.emcchina.org

第7章　资源与环境

内容提要：本章主要介绍自然资源的定义和分类，世界资源的现状和特点，我国的资源现状和特点，以及资源的开发与合理利用，资源开发与环境保护的关系。

学习要点：了解自然资源的含义和分类，了解全球和我国自然资源的现状和特点，增强资源短缺的危机感，树立合理利用与开发资源的意识，培养节约、保护资源的习惯，摆正环境保护与资源开发的关系。

资源是人类生存所需要的物质，它存在于环境之中，是环境的一部分。人类如何合理地开发和利用资源对环境将产生极大的影响。

7.1　资源的分布

7.1.1　自然资源

1. 自然资源的定义

自然资源是指自然界中能被人类用于生产和生活的物质和能量的总称。如空气、土地、水、森林、草原、矿藏、海洋、野生动植物、阳光等。

应当注意，自然资源与自然环境是两个不同的概念，但具体的对象和范围常是同一客体。自然环境是人类周围所有的客观自然存在，自然资源则是从人类需要的角度认识和理解这些客观存在的价值。

2. 自然资源的分类

按地理学性质自然资源可分为土地资源、水资源、森林资源、矿产资源、气候资源等。若按其形成特征和人类利用时间长短可分为以下三类。

（1）可更新资源　又称为可再生资源，是指被人类开发利用后，能够依靠生态系统自身的再生能力恢复和再生的资源（见图7-1）。

（2）不可更新资源　又称为不可再生资源，一般是指那些被人类开发利用后，会逐渐减少以至枯竭不能再生的资源（见图7-1）。

（3）恒定资源　是指那些被利用后在可预计的时间内不会导致其储量的减少，也不会导致其枯竭的资源（见图7-1）。

3. 自然资源的属性

（1）稀缺性　自然资源的稀缺性是指发育于地球之中的资源都是有限的。不可更新资源的稀缺性显而易见。可更新资源的自然再生和补充能力也同样有限，当过度开发时也会导致资源的逐渐枯竭，因此可更新资源也具有稀缺性。像阳光、潮汐能、风能等恒定资源，受地理等条件限制仍然具有稀缺性。

（2）区域性　自然资源的区域性是指自然资源不是均衡地分布在任何地方。它们总是相对聚集于某一区域，并且质量也有所不同。例如，从赤道到两极，随着太阳辐射能量的递减，森林类型依次为热带雨林、季雨林、常绿阔叶林、落叶阔叶林、针叶林；动物种类也随之有很大的变化。

- 自然资源
  - 可更新资源（可再生资源）
    - 土壤资源
    - 森林资源
    - 水资源
    - 作物资源
    - 牧场、饲料资源
    - 野生、家养动物资源
    - 水产资源
    - 遗传资源
  - 不可更新资源（不可再生资源）
    - 矿产资源
    - 化石燃料资源
  - 恒定资源
    - 太阳能
    - 潮汐能
    - 降水
    - 大气
    - 风能
- 易误用、易污染资源
  - 大气
  - 水能
  - 水资源
  - 土壤
  - 自然风景

图7-1　自然资源的分类

（3）多用性　自然资源的多用性是指自然资源具有提供多种用途的可能性。自然资源除了可为人类社会活动提供必要的物质基础外，还是自然生态环境的重要组成部分。例如，森林资源不仅可以提供各种林特产品和木材，同时具有防风固沙、保持水土、为其他生物提供食物和栖息地的作用。

（4）整体性　自然资源的整体性是指自然资源本身是一个庞大的生态系统。自然界的水资源、土地资源、气候资源、生物资源、森林资源、海洋资源等等之间，既相互联系，又相互制约，构成了一个有机的统一体。例如，森林过度砍伐，会引起当地气候和水文条件的改变，使物种减少、水土流失和沙漠化，导致生物资源和土地资源的破坏。

7.1.2　世界资源的现状及特点

直到20世纪70年代，人类才抛弃了“地球资源取之不尽，用之不竭”的错误观念，深刻认识到地球资源的稀缺性。随着人口的增长和经济的发展，对资源的需求与日俱增，人类正受到某些资源短缺或耗竭的严重挑战。目前世界资源现状有以下特点。

（1）淡水资源短缺　地球上水的总量并不小，但人类生活和生产需要的淡水资源是有限的，仅占全球总水量的0.0342%左右。世界水资源研究所认为，目前全球有26个国家的3亿人口已经面临缺水的威胁，另有4亿人口用水的速度超过水资源更新的速度，世界上有约1/5人口得不到符合卫生标准的饮用水。

（2）土地荒漠化　荒漠化是指在干旱、半干旱和半湿润、湿润地区，由于气候变化和人类活动等各种因素所造成的土地退化，土地的生物和经济生产潜力减少，甚至基本丧失。据联合国环境规划署统计，全球1/4的土地正在受到沙漠化的威胁，沙漠面积已占全球面积的7%，世界每分钟就有10公顷土地变成荒漠，沙漠化每年对全球造成的经济损失高达420亿美元。

（3）森林资源破坏 森林是木材的供应来源，并且具有储水、调节气候、水土保持等重要作用。在人类历史发展的初期，地球上有2/3的陆地被森林覆盖。进入20世纪70年代，世界森林面积约为49亿公顷，约占陆地面积的40%。目前全球有近2/3的森林已经化为乌有。而且，即使每年再植森林约1.054万公顷，现在每年仍然有约1800~2000万公顷的森林从地球上消失。目前世界森林资源的总趋势仍是在减少，所以森林资源减少的形势很严峻。

（4）矿产资源匮乏 矿产资源是地壳形成后，经过几千万年、甚至几十亿年的地质作用而生成的露于地表或埋藏于地下的具有利用价值的自然资源。矿产资源是人类生活资料和生产资料的主要来源，是人类生存和社会发展的重要物质基础。目前95%以上的能源、80%以上的工业原料、70%以上的农业生产资料均来自矿产资源。随着经济的不断发展，开采速度和数量的不断增加，许多矿产资源的储量正在锐减，有的甚至枯竭（见表7-1）。

表7-1 世界几种主要矿产预测枯竭期

矿产名称	枯竭年限	矿产名称	枯竭年限
石油	2075	金	2075
煤炭	2405	铅	2165
铝	2215	锡	2100
铬	2325	锌	2250

（5）物种资源灭绝 目前地球上至少有1000多万种生物种群，其中科学家了解的大约有175万种。由于森林锐减和草原退化，动植物赖以生存的环境遭到破坏，物种正以前所未有的速度从地球上消失。在恐龙时代，每一千年仅有一种生物灭绝。而1600—1900年的300年间，约每4年就有一种生物灭绝。到了1920年以后，每年就有一种生物灭绝。1975—2000年间，每13分钟就有一种生物灭绝，每年有4万种以上的生物从地球上消失。

7.1.3 我国资源状况及特点

1. 资源总量大，人均占有少

我国有960万平方公里（1平方公里 = $1\times10^6 m^2$）的陆地面积，居世界第三位。由于幅员辽阔，各类资源在总量上与世界各国相比并不算少。据中国科学院国情分析研究小组的科研成果显示，我国自然资源综合排序在世界144个国家中排第八位，并且许多资源总量位居前五位。但由于人口数量多，人均占有资源量却排在后面（见表7-2）。

表7-2 中国主要自然资源人均占有量在世界的排序（144个国家）

自然资源名称	人均占有量在世界的排序	自然资源名称	人均占有量在世界的排序
土地面积	110位后	森林面积	107位
耕地面积	126位后	淡水资源	109位
草地面积	76位后	45种主要矿产	80位

2. 资源种类多，类型齐全

我国地域辽阔，地形多样，气候复杂，自然资源种类较为齐全。土地资源中耕地占14%、园地占1%、林地占24%、牧草地占27%、居民点和工矿用地占2%、交通用地占1%、水域占4%、未利用土地占27%。

我国是世界上矿产资源最丰富、矿种齐全配套的少数几个国家之一。现已发现的矿产有171种，探明有一定数量的矿产有153种，其中能源矿产8种，金属矿产54种，非金属矿产88种，水气矿产3种，探明储量潜在价值仅次于美国和前苏联，居世界第三位。

我国还具有丰富的生物资源。有高等植物3.2万余种，约占世界30万种高等植物的1/10，仅次于巴西和印度尼西亚，居世界第三位。拥有占世界总数13%的鸟类资源和12.9%的哺乳动物资源。微生物资源也极为丰富，粘菌、真菌和细菌的种数超过8000种，占全世界已知种数的11%。

我国海洋资源中沿海滩涂、浅海资源、港址资源、海岛资源、海洋生物资源、海洋油气资源、海底矿产资源、海水化学资源、滨海旅游资源等种类齐全。

3. 资源分布不均，开发利用难

由于地理、地质、气候的差异，我国资源空间分布不均衡。如水资源南多北少，水资源总量的81%集中分布在长江流域以南，而这一地区的耕地面积只占全国耕地的36%，人口占全国的54%；已探明的煤炭储量90%以上分布在长江以北地区，其中山西、陕西、内蒙三省煤炭保有储量占全国的60%，磷矿集中分布在云南、贵州、四川和湖北四省，占全国保有储量的61%，广大北方地区磷矿资源短缺，形成北煤南运，南磷北调的局面。一些大型矿产资源分布在我国边远地区，如新疆的煤炭、石油，西藏、新疆的铬铁矿，青海的钾盐，西藏的铜矿等因受自然条件和交通运输条件的限制，增加了开发利用的成本和难度。

4. 资源质量不理想，优质资源比例小

我国土地面积居世界第三位，但在全部耕地中，高产稳产田只占1/3，低产田也占1/3，单位面积产量可以相差几倍到几十倍，复种指数的差距可以达到3倍以上。矿产资源除煤炭等少数优质矿产外，多数矿产贫矿多、富矿少，复杂难利用矿产多、简单易利用矿产少。能源矿产中石油和天然气等优质能源仅占28%，而以煤炭为主的能源结构是造成大气污染的重要原因。

思考与讨论：当地有哪些自然资源？试给它们分类。

7.2 资源的开发与利用

7.2.1 水资源的开发与利用

水资源，广义地说是指地球上的一切水体，狭义地讲是指陆地上可利用和更新的淡水资源。

1. 全球水资源状况

地球上的水资源总量约为$13.8\times10^{17}m^3$，其中近97.5%是海水（$13.4\times10^{17}m^3$）。淡水

只占2.5%，其中绝大部分为极地冰雪冰川和地下水，适宜人类享用的仅为0.034%。

全球淡水资源不仅短缺，而且地区分布极不平衡。按地区分布，巴西、俄罗斯、加拿大、中国、美国、印度尼西亚、印度、哥伦比亚和刚果等9个国家的淡水资源占了世界淡水资源的60%。约占世界人口总数40%的80个国家和地区严重缺水。目前，全球80多个国家的约15亿人口面临淡水不足，其中26个国家的3亿人口完全生活在缺水状态。

另一方面，日益严重的水污染蚕食大量可供消费的水资源。联合国水资源世界评估报告显示，全世界每天约有11亿 m^3 污水倒进河流、湖泊和小溪，每升废水会污染8L（$1L=1\times10^{-3}m^3$）淡水。

2. 我国水资源状况

我国水资源总量为 $2.8\times10^{12}m^3$。其中地表水 $2.7\times10^{12}m^3$，地下水 $0.83\times10^{12}m^3$，由于地表水与地下水相互转换、互为补给，扣除两者重复计算量 $0.73\times10^{12}m^3$，与河川径流不重复的地下水资源量约为 $0.1\times10^{12}m^3$。按照国际公认的标准，人均水资源低于 $3000m^3$ 为轻度缺水；人均水资源低于 $2000m^3$ 为中度缺水；人均水资源低于 $1000m^3$ 为重度缺水；人均水资源低于 $500m^3$ 为极度缺水。中国目前有16个省（自治区、直辖市）人均水资源量（不包括过境水）低于 $1000m^3$，有6个省、自治区（宁夏、河北、山东、河南、山西、江苏）人均水资源量低于 $500m^3$。

我国水资源的主要特点是：

（1）总量并不丰富，人均占有量更低　我国水资源总量居世界第六位，人均占有量为 $2240m^3$，约为世界人均的1/4，在世界银行连续统计的153个国家中居第88位。

（2）地区分布不均，水土资源不相匹配　长江流域及其以南地区国土面积只占全国的36.5%，其水资源量占全国的81%；淮河流域及其以北地区的国土面积占全国的63.5%，其水资源量仅占全国水资源总量的19%。

（3）年内年际分配不匀，旱涝灾害频繁　大部分地区年内连续四个月降水量占全年的70%以上，连续丰水年或连续枯水年较为常见。

3. 水资源的开发利用与保护

水资源是一种动态资源，不像其他资源如煤炭、石油那样稳定，不去开发利用不会丧失，是一种不去利用便要舍弃或流失的资源。它的水量和质量随着时间和地区而不断发生变化。由于国民经济建设发展的需要，水资源与人们的生产和生活的关系越来越密切，对水的需求量增长较快，特别是现代社会，从生活用水、能源生产、工业生产、交通运输到旅游事业等各行各业都需要供给较稳定的水资源。

新中国成立50多年来，全国累计修建加固堤防近25万km，建成大中小型水库8.5万多座，初步控制了大江大河的常遇洪水，总库容量达到5658亿 m^3，有效灌溉面积从2.4亿亩扩大到8.38亿亩，并为城市和工业的发展提供了水源。全国用水量从1949年约1000多亿 m^3 增加到2003年的5320亿 m^3，其中农业用水3433亿 m^3，占总用水量的64.5%，工业用水1177亿 m^3，占总用水量的22.1%，生活用水631亿 m^3，占总用水量的11.9%，生态用水79亿 m^3，占总用水量的1.5%。全国总用水量中，地表水源占80.6%，地下水源占19.1%，其他水源占0.3%。全国人均用水量 $412m^3$，万元GDP（当年价）用水量 $448m^3$，农田灌溉亩均用水量 $479m^3$，万元工业产值（当年价）取水量 $78m^3$。

如何解决水资源供应问题，保持水资源供给和需求之间的相对平衡，世界各缺水国家和地区长期以来都做了大量的探索。一些发达国家或者比较发达的国家已取得了很多成功的经验，概括起来，主要有四个方面：一是采取积极的措施，通过区域调水解决地区之间水资源分布不均问题；二是通过科学管理维护水资源的供需平衡；三是开发和采用各种节水技术；四是开发新水源。

我国水资源的利用和开发措施有如下几点：

(1) 制定科学的水资源管理制度　即加强对水资源的评价、规划、控制和管理，设立管理机构、制定合理利用水资源和防治水污染的法律法规，进行节约用水、保护水资源、减少水污染的宣传教育。

(2)“南水北调”　我国南方地区水资源丰富，但北方地区缺水严重。为解决地区性的水资源分布不平衡问题，适当地进行区域调水。比如，为解决辽河中下游缺水问题，提出了引松（松花江）入辽方案；为解决乌鲁木齐等地区的缺水问题，提出了新疆“北水南调”方案；为解决华北、西北等地用水问题，提出了南水北调中线、西线和东线工程的规划。目前南水北调中线工程已经开始进入运作阶段。2002—2010年为实施南水北调工程近期阶段，总调水规模约200亿m^3；2011—2030年为中期阶段，调水规模约增加168亿m^3，累计达到368亿m^3；2031—2050年为远期阶段，年总调水规模约增加80亿m^3，累计达到448亿m^3。随着我国经济实力的增强，应当更多地考虑区域性的水资源分配问题，使有限资源得到更好的利用。

(3) 节约用水，提高用水效率　目前我国用水量较大，效率较低。农业用水中，渠灌区水的利用系数只有0.2～0.4，井灌区水的利用系数只有0.6左右。全国平均每立方米农业用水生产粮食0.87kg，而世界平均水平在2kg以上，我国每公斤粮食的耗水量是发达国家的2.3倍。我国万元工业产值的耗水量一般是发达国家的10～20倍，个别行业达45倍；而我国城市人均耗水量已接近发达国家的中等水平。我国工业生产用水的重复利用率约为40%，远低于发达国家75%～85%的水平。

农田灌溉应当采取管道输水、渠道防渗、喷灌、微灌、滴灌等先进的节水灌溉方式，提高用水效率。绿化用水鼓励使用雨水和符合用水水质要求的再生水，逐步减少使用城市自来水。城镇地区的绿地、树木、花卉应当采用喷灌、微灌、滴灌等节水灌溉方式，并严格执行园林绿化灌溉制度，提高绿化用水效率。工业用水单位应当采用先进的技术、工艺和设备，增加循环用水次数，提高水的重复利用率。以水为原料的生产企业应当采用节水型生产工艺和技术，减少水资源的损耗。如工业冷却水、洗车用水、建筑用水等可采用再生水。

思考与讨论：当地的水资源状况如何？开发利用与保护得怎样？

7.2.2 矿产资源的开发利用与保护

1. 全球矿产资源

矿产资源是指由地质作用所形成的有利用价值的、储存于地表或埋藏于地下的矿物质。可分为金属、非金属和燃料资源。目前世界上已知的矿物多达2500余种，可利用的约有150余种，有广泛利用价值的仅80余种。矿产资源是人类社会得以发展的重要物质基础，自世界各国先后进入工业化发展阶段以来，矿产资源的消耗快速增长。20世纪100年来，全球累计消费了1420亿t石油，78000亿m^3天然气，2650亿t煤，380亿t铁（钢），7.6亿t铝和4.8亿t铜，以及大量的支撑现代经济社会发展的众多矿物原料。

世界多数矿产资源探明储量不断增长，需求保证程度高，但石油资源不容乐观。全球重要矿产资源储量现状见表7-3、表7-4。

表7-3　2002年全球燃料资源储量及人均储量表

矿种	储量	储量单位	人均储量	人均储量单位	产量	产量单位
煤炭	984453	百万t	158.7	t	4832.7	百万t
	536330	百万吨油当量	86.5	吨油当量	2379.4	百万吨油当量
石油	142700	百万t	23.0	t	3556.8	百万t
	142700	百万吨油当量	23.0	吨油当量	3556.8	百万吨油当量
天然气	1557800	亿m^3	25120	m^3	25276	亿m^3
	140202	百万吨油当量	22.6	吨油当量	2274.7	百万吨油当量
化石能源	819232	百万吨油当量	132.1	吨油当量	8210.9	百万吨油当量

表7-4　2002年全球重要金属矿产储量、基础储量及人均储量表

矿种	储量/万t	基础储量/万t	资源量/万t	人均储量/kg	基础储量 储量	矿山产量/万t
铁	7000000	16000000	23000000	11287.95	2.29	110000（矿石）
铝	2200000	3300000	6500000	3547.64	1.50	11410
铜	48000	95000	160000	77.40	1.98	1340
锌	20000	45000	190000	32.25	2.25	890
镍	6100	14000	13000	9.84	2.30	132
铬	160000	710000	1100000	258.01	4.44	1300
锰	67000	500000	—	108	7.46	728
钨	290	620	—	0.47	2.14	4.66
稀土	8800	15000	—	14.19	1.70	8.55
铂族	71000	80000	100000	11.45	1.13	151

2. 我国矿产资源状况

我国是世界上矿产资源总量比较丰富、矿种配套程度比较高的国家之一。根据《各国矿产储量潜在总值》的估算，我国矿产资源储量潜在总值为165600亿美元，居世界第三位，但人均矿产储量潜在总值为1.51万美元，排世界第53位，而且人均资源数量和资源生态质量仍在继续下降和恶化。例如，35种重要矿产资源人均占有量只有世界人均占有量的60%，其中石油、铁矿、铝土矿分别只有世界人均占有量的11%、44%、10%。

我国已发现171种矿产，其中已探明储量的有153种。其主要特点表现为：

(1) 资源量大，但人均占有量少 我国矿产资源总量居世界第三位，而人均占有量居世界第53位，个别矿种甚至居世界百位之后。

(2) 贫矿多、富矿少，共（伴）生矿多、独立矿少 我国矿石品位一般低于世界平均水平，如铁矿品位比世界平均品位低10个百分点以上，仅为33%；锰矿平均品位为22%，不足世界商品矿石标准工业品位48%的一半；铜矿平均品位仅是智利和赞比亚铜矿平均品位的一半左右；铝土矿几乎全为耗能高、碱耗大、生产流程长、生产成本高的水硬铝石矿，而国外则大部分为生产成本低的三水软铝石等。组分复杂的共生/伴生矿多是我国矿产资源的一个显著特点。特别是有色金属矿产常含有多种可综合利用的组分。如我国铅锌矿中共（伴）生有用元素达50多种；全国银矿60%的储量、70%的产量源于铅锌矿中的共（伴）生组分。我国1/3的铁矿储量和1/4的铜矿储量均为共（伴）生矿。甘肃金川铜镍矿、四川攀枝花钒钛磁铁矿和内蒙古云鄂博铌稀土铁矿，都是我国著名的成分复杂的大型共（伴）生金属矿床。这类矿石选冶难度大，生产成本高，易造成资源浪费。

(3) 大矿少、中小矿多，坑采矿多、露采矿少 我国已探明的2万多个矿床，多为中小型矿床，大型矿床只有800多个。我国可露天开采的煤炭储藏量仅占7%，且多为褐煤，而美国、澳大利亚则分别为60%和70%左右。我国70%的铝土矿、80%以上的铜矿、90%以上的镍矿、80%以上的硫矿都需地下开采，严重制约了我国矿产资源开发的规模效益和生产效率的提高。

(4) 矿产分布区与加工消费区分离，开发利用受交通条件严重制约 我国矿产品的加工消费区在东部沿海地区，而矿产富集区则多在中部或西部地区，因而，矿石或原材料需长途运输，仅铁路对主要原材料的年运量就在12亿t以上，平均铁路运输里程达802km。

3. 矿产资源的开发利用与保护

(1) 加强对矿产资源的国家所有权管理

1) 提高保护矿产资源的自觉性。

2) 依法管理矿产资源。

3) 建立健全矿山开发经营管理制度。

(2) 贯彻矿产资源综合勘探、综合利用、综合开发、综合评价的方针

1) 重视贫矿资源的开发利用。

2) 发挥共生矿优势。

3) 继续发现新的储量。

4) 加强回收和循环使用。

(3) 保护矿山环境与矿山复垦

1) 制定矿山环境保护法规，依法保护矿山环境，执行“谁开发谁保护、谁闭坑谁复垦、谁破坏谁治理”的原则。

2) 制定适合矿产特点的环境影响评价办法，进行矿山环境质量检测，实施矿山开发的全过程环境管理；监测矿山自然环境破坏状态，制定保护恢复计划。

3）开展矿产资源综合利用和“三废”资源化活动，鼓励推广矿产资源开发废弃物最小量化和清洁生产技术。

4）制定和实施矿山资源开发生态环境补偿收费、复垦保证金政策，减少矿产资源开发的环境代价。

思考与讨论：当地有哪些矿产资源？开发利用与保护得如何？

7.2.3 海洋资源的开发利用与保护

地球表面的总面积约5.1亿平方公里（1平方公里 = $1km^2$），其中海洋的面积为3.6亿平方公里，占地球表面总面积的71%。世界海洋的水量比高于海平面的陆地的体积大14倍，约13.7亿 km^3。陆地的平均高度为840m，而海洋的平均深度为3800m，是地球上富饶而远未开发的资源宝库，合理开发利用海洋资源对人类经济活动有重要的意义。

1. 世界海洋资源

海洋资源是指蕴藏于海洋环境中可以被人类利用的物质和能量，以及与海洋开发有关的海洋空间。海洋资源包括海洋生物资源、海洋化学资源、海底矿产资源、海洋再生能源和海洋空间资源。

海洋是尚未充分开发利用的自然资源宝库和巨大的环境空间，是人类可以开发自然资源的“第六大洲”。海洋资源的开发，对整个国民经济有着巨大的影响力。联合国秘书长在1999年的海洋事务报告中指出，在全球230000亿美元的国内生产总值中，海洋产业总产值约为10000亿美元；海洋和沿海生态系统提供的生态服务的价值达到210000亿美元，而陆地生态系统提供的价值为120000亿美元。这些数字充分显示出海洋经济的巨大潜力。开发利用海洋资源是解决21世纪陆地资源逐渐匮乏、人口膨胀性增长的重要途径。

2. 我国的海洋资源

我国拥有近300万平方公里的管辖海域。而连接这片蔚蓝色海洋国土和青翠色陆地国土的，则是蜿蜒绵长的海岸线。海岸线又分为岛屿岸线和大陆岸线两种，两者之和在我国约为32000多公里，其中大陆岸线为18000多公里，南北跨越20个地理纬度（从北纬20°到北纬40°）。

2004年全国主要海洋产业总产值为12841亿元（图7-2），海洋产业增加值为5268亿元，相当于同期国内生产总值的3.9%，按可比价格计算，比2003年增长9.8%。

3. 海洋资源的利用与保护

海洋资源丰富，但仍然是有限的，要合理开发利用和保护，应采取以下措施：

（1）推进海洋资源立法，建立海洋法规体系　当前，海洋资源立法的首要任务是制定《海域使用管理法》、《海岛开发和保护管理法》、《海岸带开发管理条例》等，形成完备的海洋综合管理法律体系。通过建立健全海洋资源法律制度，强化执法机构及队伍的能力建设，将海洋资源开发工作纳入法制化的轨道。

（2）做好海洋资源规划，建立海洋规划体系　一方面是以海洋功能区划和海域使用规划为基础，通过对海域空间资源的合理配置，实现对海洋资源开发秩序的科学调控。另一方面，要实施海洋环境保护规划及重点海域整治规划，确保在海洋资源开发的同时保护海洋生态环境。

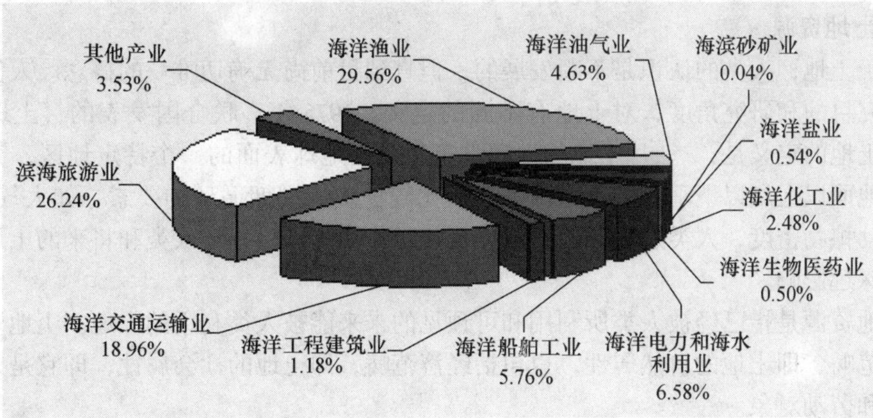

图7-2　2004年海洋产业总产值统计

(3) 强化海洋资源管理，建立海洋管理体系　通过制定相关政策，调整海洋产业结构，支持发展海洋高科技产业和第三产业。同时，全面监管近岸海域，基本控制我国管辖海域内的各类违法活动及突发事件，及时查处各类违法破坏海洋资源和环境的行为。

(4) 建立海域使用审批和资源有偿使用制度　根据海域区位优势、海洋资源价值和丰度，向海洋资源开发利用活动的业主征收海域资源有偿使用金，所收资金用于资源保护工作，彻底解决海洋资源开发无序、无度、无偿现象，以及近岸海域的环境污染问题。

(5) 依靠科技进步，推进海洋知识创新　通过开展海洋资源开发利用领域的关键技术和高新技术研究，提高科技水平，推进海洋科技产业化进程。

(6) 节约利用海洋资源，发展海洋资源替代　通过建立海洋资源节约型的生产、运输和消费体系，减少海洋资源消耗。通过发展生产中和消费中的替代技术，节约稀缺性资源。如在缺水的沿海地区和海岛，采用海水冷却，而减少使用淡水冷却；在建筑业中用其他资源代替珊瑚礁炼制水泥等。

(7) 培育和养护海洋可再生资源　重点是开发和保护好海洋生物资源，包括渔业资源、红树林、珊瑚礁资源等。为此，要严格控制近海渔业资源的捕捞强度，加强休渔管理制度，完善渔业许可证制度，采用投放人工渔礁、营造海底森林等措施，改善海洋生态环境，保护海洋生物资源。同时，可建设海洋保护区。

(8) 充分利用国内国际两种资源　积极参与国际海底资源勘探开发和管理、极地科学考察和全球海洋生物资源利用和管理，不失时机地采取有效措施，开发利用公海与国际海底中蕴藏的渔业和矿产资源，保证我国短缺资源的稳定供应。

(9) 加强海洋经济区建设，推动海洋产业发展　选择沿海地区具有较好海洋经济基础的区域，集中力量开发建设，形成海洋油气、港口运输、渔业养殖、滨海旅游等传统产业，以及海水综合利用、海洋化工、海洋药物、海洋环保等新兴产业在内的海洋经济区和产业带。

7.2.4 土地资源的开发利用与保护

1. 土地资源

关于土地，人类的认识是不断发展的，但直到目前尚无确切唯一的概念。人们根据不同的研究目的和研究角度，对土地有不同的定义。1975 年，联合国发表的《土地评价纲要》对土地的定义是："一片土地的地理学定义是指地球表面的一个特定地区，其特性包含着此地面以上和以下垂直的生物圈中一切比较稳定或周期循环的要素，如大气、土壤、水文、动植物密度，人类过去和现在活动及相互作用的结果，对人类和将来的土地利用都会产生深远影响。"

土地资源是指已经被人类所利用和可预见的未来能被人类利用的土地。土地资源既包括自然范畴，即土地的自然属性，也包括经济范畴，即土地的社会属性，即它是人类的生产资料和劳动对象。

2. 我国的土地资源

根据 2004 年《中国国家环境状况公报》统计，全国耕地 12244.43 万公顷，园地 1128.78 万公顷，林地 23504.70 万公顷，牧草地 26270.68 万公顷，其他农用地 2553.27 万公顷，居民点及独立工矿用地 2572.84 万公顷，交通运输用地 223.32 万公顷，水利设施用地 358.95 万公顷，其余为未利用地。

我国土地资源有四个基本特点：绝对数量大，人均占有少；类型复杂多样，耕地比重小；利用情况复杂，生产力地区差异明显；分布不均，保护和开发问题突出。

(1) 绝对数量大，人均占有少　我国国土面积 960 万平方公里，海域面积 473 万平方公里。国土面积居世界第三位，但人均占土地面积位居世界第 11 位。按利用类型区分的各类土地资源也都具有绝对数量大、人均占有量少的特点。

(2) 类型复杂多样，耕地比重小　中国地形、气候十分复杂，土地类型复杂多样，为农、林、牧、副、渔多种经营和全面发展提供了有利条件。但有些土地类型难以开发利用。例如，中国沙质荒漠、戈壁合占国土总面积的 12% 以上，改造、利用的难度很大。而对中国农业生产至关重要的耕地，所占的比重仅 10% 多些。

(3) 利用情况复杂，地区生产力差异明显　土地资源的开发利用是一个长期的历史过程。由于我国自然条件的复杂性和各地历史发展过程的特殊性，我国土地资源利用的情况极为复杂。例如，在广阔的东北平原上，汉民族多利用耕地种植高粱、玉米等杂粮，而朝鲜族则多种植水稻。山东的农民种植花生经验丰富，产量较高，河南、湖北的农民则种植芝麻且收益较好。在相近的自然条件下，太湖流域、珠江三角洲、四川盆地的部分地区就形成了全国性的桑蚕饲养中心等等。不同的利用方式使得土地资源开发的程度会有所不同，土地的生产力水平也会有明显差别。例如，在同样的亚热带山区，经营茶园、果园、经济林木会有较高的经济效益和社会效益，而任凭林木自然生长，无计划地加以砍伐，不仅经济效益较低，而且还会使土地资源遭受破坏。

(4) 分布不均，保护和开发问题突出　这里所说的分布不均，主要指两个方面：其一，具体土地资源类型分布不均，如有限的耕地主要集中在中国东部季风区的平原地区，草原资源多分布在内蒙古高原的东部等。其二，人均占有土地资源分布不均。不同地区的土地资源，面临着不同的问题。我国林地少，森林资源不足。可是，在东北林区力争采育平衡的同时，西南林区却面临过熟林比重大、林木资源浪费的问题。中国广阔的草原资源利用不充分，畜牧业生产水平不高，然而，在局部草原又面临过度放牧、草场退化的问题。

3. 我国土地资源的利用与保护

我国土地资源问题的焦点主要是在土地资源的有限与人口增长无限的矛盾上，因此合理利用与保护每一寸土地和严格控制人口增长成为我国解决土地资源问题的基本国策。具体办法为：

1）加强土地管理，保护耕地，控制非农业用地。

2）按照《土地法》执法，打击滥用土地的行为；积极开展土地生产潜力和承载能力的研究，作好长远的土地利用规划。

3）严格控制人口。据估算我国20世纪90年代初的土地生产能力大约可承载12亿左右人口，如果到2025年，整个投入水平增加到中等水平，可承载15亿人口。因此严格控制人口始终是解决土地资源问题的一个主要课题。

4）增加农业投入，改造中低产田和加强农、林、牧业生产基地的建设。中低产田改造是提高土地承载力的主要途径，而任何一种中低产田如土壤侵蚀、土壤盐渍化、土壤次生潜育化或土壤沙化土地的改造都需要农田水利工程的投入。加强商品粮基地、优质棕基地、饲草基地和山区果基地的建设，以便国家宏观调控，安全地应付各种意想不到的困难。

5）加强土地资源的宏观建设。根据已掌握的资料和技术条件拟定国土资源开发规划，通过如三北防护林等项目的建设改善宏观生态环境。

6）加强土壤污染防治。从控制和治理污染源着手，加强土壤污染治理，合理利用污水灌溉，同时加强土壤环境的监测和评价，及时预报土壤的环境质量变化和主要问题所在，并提出对策。

思考与讨论：当地的土地资源状况如何？利用保护得如何？

7.2.5 生物资源的开发利用与保护

1. 世界生物资源

生物资源是指生长在自然界中的能够直接或间接被人类利用的动植物和微生物的总称。随着社会经济的发展，人类对生物资源的需求随之改变，但它们在人类经济与文化生活中的重要性及其价值，并没有任何消减；相反还在不断地提高，特别是那些珍稀品种。目前，一些种类的生物资源由于人类的过度开采和栖息环境的改变而日趋减少，有的濒于灭绝，这一现象已引起人类的极大关注。为了永续利用，造福后代，各国政府和人民正在采取有效措施，保护人类共同的财富——生物资源。

最近的研究表明，地球上的植物约有30多万种。苔藓植物约14000~25000种，绿藻及褐藻约2540种，蕨类约12000种，裸子植物约530种，被子植物约25万种，真菌约69000种。

地球上的动物约有130万种。脊索动物52500种，哺乳动物4630种，鸟类9750种，爬虫动物 8002 种，两栖动物 4950 种，鱼类 25000 种，有颚类 963000 种，螯肢动物 75000 种，软体动物 70000 种，甲壳动物 40000 种，线虫类 25000 种。

全世界的昆虫可能有 1000 万种，约占地球所有生物物种的一半。但目前有名有姓的昆虫种类仅 100 万种，占动物界已知种类的 2/3 ~ 3/4。由此可见，世界上的昆虫还有 90% 的种类我们不认识；据最保守估计，世界上至少有 300 万种昆虫，至少还有 200 万种昆虫有待我们去发现、描述和命名。

微生物是生物中一群重要的分解代谢类群。没有微生物的活动，地球上的生命是不可能存在的。它们是地球上最早出现的生命形式，其生物多样性在维持生物圈和为人类提供广泛而大量的未开发资源方面起着主要的作用。世界上已知的病毒有 5000 种，细菌 4760 种，真菌 72000 种。

2. 我国的生物资源

我国丰富的生物资源无疑为我国发展生物经济提供了得天独厚的条件。据不完全统计，我国拥有动植物、微生物约 26 万种，是世界生物资源、生物多样性最丰富的国家之一。

(1) 农业生物资源　我国农田 87% 集中分布在 400mm 等雨量线东南一侧的 22 个省份，该线西北一侧 5 省（区）（内蒙、甘肃、青海、新疆和西藏）虽占国土总面积的一半，但拥有的农田面积只有全国农田总面积的 13%。农田分为水田和旱地两种类型。

我国水田以稻田为主，还有少量水生蔬菜（包括莲藕、菱、荸荠、茭白、芋头等）和其他水生作物田。当前水田主要分布在长江流域及其以南地区，近几十年来黄河流域及其以北地区水稻种植也有所发展。当前在生产上大面积使用的水稻品种约有 50 个左右，在国家作物种质库中保存的各类水稻种质材料约有 53547 份。我国杂交稻育种的成功为丰富水稻品种、多样性和提高水稻产量作出了重大贡献，水稻种质材料对世界水稻育种也起了很重要的作用。

我国旱地集中分布在黄河流域及其以北地区和四川省。旱地的作物种类比水田更为繁多。当前旱地主要作物类型约 30 余种，以小麦、玉米、大豆、薯类、蔬菜瓜果类、饲料、棉花等作物面积较大，其他还有多种谷物类、花生和多种油料类、麻类、糖料类、烟草、药材类等。全国旱地作物种类共有 600 种左右，包括谷物 30 多种、蔬菜 110 多种、牧草饲料作物 425 种、其他作物几十种。其中有 200 多种旱地作物起源于中国。在国家作物种质库中保存的旱地作物种质材料达 17 万份。

种植园（场）经营多年生经济作物，包括茶叶、水果、多种热带经济作物和蚕桑等。我国果树种类丰富度在世界上占有首要地位。据统计，拥有世界 50 科果树作物中的 45 科，共计 81 属、248 种。我国还是茶和桑蚕利用起源国，拥有茶品种 600 多个，桑有 15 个种、1000 个品种。我国从汉代就开始利用野蚕茧，其中主要的是天蚕蛾科的柞蚕属，已知该属在我国分布有 35 个种，而作为其饲料的栎属植物，在我国已知有 110 多种。

我国是世界上畜牧业历史最悠久的国家之一。据初步统计，我国有家畜动物品种和类型 590 多种。

(2) 森林生物资源　我国共有森林 1.75 亿公顷，森林覆盖率为 18.21%。我国森林类型众多（拥有各类针叶林、针阔叶混交林、落叶阔叶林、常绿阔叶林和热带林，以及它们的各种次生类型），有森林 210 个群系、竹林 36 个群系、灌林与灌丛（不含半灌丛及草丛）94个群系。此外，还有许多用材林、防护林、经济林和农林复合生态系统类型，更丰富了森林生态系统类型的多样性，这也是我国森林生物多样性的一个特点。我国还拥有世界上最完整的温带山地垂直带谱、亚热带山地垂直带谱，北半球纬度最高的热带山地雨林、季雨林类型，种类最丰富的落叶松属、松属、云杉属、冷杉属、栎类森林，以及世界上罕见的雅鲁藏布江峡谷云杉林。

在我多种类型的森林中，栖息着丰富多样的野生动物。据统计，我国有6347种脊椎动物，其中哺乳类581种，鸟类1244种，两栖类284种，爬行类376种，它们大部分栖息在森林中或林缘。这些动物中，许多为我国特有或主要分布在我国，如全世界有椎类276种，我国就有56种，其中19种为我国所特有，如大熊猫、金丝猴、白片鹿、羚牛、毛冠鹿等。

（3）海洋和海岸生物多样性　我国有记录的海洋生物有2万种之多，其中海洋动物有1.2万多种，脊椎动物有3200多种。海洋动物在种类数量上以无脊椎动物为多，占动物种类总数的80%：无脊椎动物以原生动物、节肢动物和软体动物的数量为最多，三类动物总数占无脊椎动物总数的68%。脊椎动物以鱼类为主，其数量占脊椎动物总数的92%以上。爬行类和哺乳类的物种数量相对较少，其中爬行类以蛇和龟为主（蛇目19种，龟鳖目5种），哺乳类以鲸类为主（鲸目33种，鳍脚目5种，海牛目1种），这些物种的科学价值普遍较高，其中大部分种类是我国重要的保护物种。

就经济价值而言，较重要的生物种类主要有鱼类、甲壳类、贝类、头足类和藻类。据统计，我国四个海区共有鱼类1700多种；海洋甲壳动物包括有磷虾类42种，蟹类600余种和虾类300余种；海洋贝类有2456种，其中螺类1583，贝类873种；头足类动物计有90多种，其中暖水性种类近60种，暖温性种类30多种；海洋浮游藻类有1500多种，其中经济藻类50多种，代表种类如海带、紫菜、裙带菜、江蓠、石花菜、麒麟菜、鹧鸪菜等。

（4）内陆水域生物资源　我国是世界上内陆淡水生物资源极其丰富的国家之一。有淡水鱼类804种，已保和开发养殖的约60余种，它们是中国淡水养殖的重要种类，其产量约占中国淡水养殖产量的80%以上。淡水鱼类中的重要经济种类主要有青鱼、草鱼、鲢鱼、鳙鱼、鲤鱼、鲫鱼、鳊、鲂、刀鲚、鲥、银鱼、鲤鲡、鲅鱼、鳜鱼、密鲴、鲟鱼、鳇鱼、哲罗鱼、细鳞鱼、狗鱼、圆头鱼、裸鲤等，其中长江的鲟鱼、鲥鱼、银鱼、团头鲂，黄河的鲤鱼，黑龙江的鲟鳇鱼、鲑鱼，青海湖的裸鲤等都是名贵的经济种类。虾、蟹和贝也是我国内陆淡水的重要经济种类，淡水蟹类有228种，淡水贝类有104种之多，其中螺类有56种，蚌贝类有48种。淡水水生植物主要由浮游植物和水生维管束植物组成。浮游植物以淡水藻类为，目前国内有记录的淡水藻类总数在1117种左右，隶属于316个属。水生维管束植物在分类上主要由种子植物和蕨类植物组成，依其生态类型又可分为挺水植物、沉水植物、浮叶植物和漂浮植物四类。我国淡水维管束植物的数量在190种左右，其中以挺水植物居多，占总数的47%，沉水植物占总数的28%，浮叶植物和漂浮植物种类较少，两者之和占总数的25%。水生植物中的重要经济种类主要有两类，一类是食用植物，另一类是工业原料。较常见的经济种类有蒲草、荸荠、茭白、菱、藕、芦苇等，其中菱藕、茭白等是我国特有的重要经济食品种类。

此外，为发展国内的养殖生产，我国陆续从国外引进了一大批养殖良种。据统计，截止2003年，水产部门先后从孟加拉、日本、埃及、美国、泰国、越南、非洲、墨西哥、俄罗斯、印度、澳大利亚、英国等引进渔业生物118种，其中包括鱼类25科89种、虾类3科10种、贝类9科12种、藻类1科2种。

3. 我国生物资源的开发与保护

保持生物的多样性，是生物资源开发利用的基础。我国是世界上动物资源最为丰富的国家之一。然而，由于人口众多，经济落后，保护与开发的矛盾尖锐，导致对生物资源的掠夺式利用和自然环境的日益缩小，使生物多样性遭受严重威胁。由于我国生物多样性是全球生物多样性的重要组成部分，因此，保护好我国生物多样性将会对保护全人类自然遗产做出巨大的贡献。

(1) 国家战略与行动计划　我国在1992年联合国环境发展大会上签署上《生物多样性公约》(以下简称《公约》)，并于1993年初批准《公约》，成为世界上率先加入《公约》的少数几个国家之一。我国政府对《公约》的履行采取了认真的态度，不仅积极参与了联合国环境规划署（UNEP）组织的各种《公约》后续行动和出席《公约》缔约国大会，还在国内组织和实施了一系列的履行《公约》的行动和措施，认真履行了对《公约》义务的承诺。

(2) 跨部门行动计划与政策　除了国家水平上的战略和行动计划，国务院有关主管部门也积极地将生物多样性保护和持续利用纳入到跨部门的行动计划和方案之中。

1993年，国家环保局与国家计委联合编制并发布了《中国环境行动计划》（1991—2000年），该计划提出20世纪90年代环境保护目标、跨部门环境保护行动计划和国家在环境保护政策与管理方面需要加强和改革的重点领域，与生物多样性保护有关的领域主要有：森林资源保护与持续利用；草原保护与持续利用；防治土地荒漠化；防治水土流失；海洋环境与海洋资源保护；物种保护；湿地保护；自然保护区建设与管理等。

(3) 部门政策、法规、行动计划与方案　为了履行《公约》第6条和切实保护生物多样性，林业部、农业部、国家环保局、国家海洋局、建设部、国家中医药管理局等部门都积极努力，为保护和持续利用生物多样性制定本部门的政策、法规、行动计划和方案，并在实施方面取得明显的进展。

环保部门是全国生物多样性保护的牵头部门，负责制定了一系列全国自然保护管理政策、自然保护经济政策等；实施了《自然保护区条例》，会同国家土地管理局发布了《自然保护区土地管理办法》等；加强了自然资源开发建设项目的环境管理和湿地生态保护；发布了《中国环境保护21世纪议程》、《中国跨世纪绿色工程规划》等；牵头编制了《全国自然保护区发展规划》、《中国生物多样性保护行动计划》、《中国生物多样性国情研究报告》；实施了《中国生物多样性数据管理》等项目；并在协调各部门履行《生物多样性公约》和综合管理全国自然保护区等方面取得显著进展。

(4) 实施进展与进一步行动　我国政府及有关的主管部门一直致力于创造条件，争取资金，确保各项战略、行动计划、方案和政策的启动和实施。实际上，几乎所有的行动计划和方案都得到不同程度的实施，特别是《中国21世纪议程》和《中国生物多样性保护行动计划》中列出的优先项目，已有许多得到实施或正在启动实施计划。但是，从总的情况看，许多行动计划的实施启动很慢，主要原因是缺乏资金，在国家水平、跨部门水平和部门水平上都面临着资金短缺的困难，需得到国际社会的资金援助和技术支持。

思考与讨论：所在地区的生物资源状况如何？如何合理开发利用？

7.3 资源与环境

地球资源是有限的，而且有些是不可再生的，合理地开发利用会改善环境，而过度开采使用会破坏环境。认识资源与环境的辩证关系是十分重要的。

7.3.1 各种资源环境的相互依存关系

首先，岩石圈、水圈、大气圈和生物圈等地球环境是资源系统的载体或成分，各圈层互相连接、叠加、耦合，构成统一的、不可分割的自然资源体系。如生物资源就是一个最好的例证，它寓于岩石圈（主要是土壤圈）、水圈和大气圈之中，与土地、水、大气、海洋等资源密切相关。

其次，地球环境对各种资源系统均会产生巨大作用，是各种资源运动、变化的重要原因。例如岩石圈板块的构造运动，不仅可以引起火山爆发、岩浆活动和矿产资源的形成，而且还会使已形成的矿产资源遭受破坏、触发或引起地震等自然灾害。又如近几十年来，极地地区大气环流加强，较暖气团流向高纬度地带，使两极气温变暖，冰雪融化，一些地方被水淹没。大气圈、水圈的改变，也促使生活在一定环境的生物为了适应新的生存条件而发生变化。

另外，各种资源之间相互作用、相互联系。生物圈中的生物活动使岩石圈、水圈和大气圈发生变化；而岩石圈、土层的土壤的发育必须有生物的活动；地壳中的石灰岩软泥也都是各种动物的骨骼形成的；水圈中，生物活动改变了水体的化学成分；植物的光合作用改变了大气的成分。从生物圈中进化、分离出来的人类圈，由于其活动的能量不断增强，范围不断扩大，对地球圈层的影响更为重要。在工业发达的今天，工业废水、废气、污染了大气、水圈和土壤。例如工业废气 CO_2 不断增加，将导致全球的平均温度增高，气温过分升高还会导致水体释放其中的 CO_2；大气中 CO_2 含量大幅度增加又会增强大气的温室效应，使气候向不适于生物生存的方向发展。

总之，地球的各个圈层的自然资源都有自己的独特性，它们是全球资源系统的组成部分，它们之间又彼此影响，相互制约，显示着物质的辩证发展过程。我们通过研究地球圈层与全球资源系统的相互关系及资源系统内各种资源的相互关系，从而认识全球自然资源态势，了解资源与环境及其发展规律，进而保护资源和环境，进一步适应与改造自然，造福人类。

7.3.2 合理开发利用资源改善地球环境

1. 水资源对环境的影响

引起环境问题的因素很多，其中水是重要的因素之一。水利发展对生态环境的影响主要包括以下几个方面：

（1）修建各种水利工程引发多种生态环境问题　修建各种水利工程，是水资源开发利用过程中的重要一环。根据工程的大小不同，对环境的影响存在差异，主要表现在如下几个方面。

1）水利工程的兴建影响河流的自净能力。水利工程改变了河流的自然状态，对河流的自净能力产生影响。

2）对河道产生影响。由于水利工程的兴建，特别是大坝的兴建，改变了河道输沙的动力，抬高或者降低了河道的高程，同时水文特征发生改变。

3）对局部气候的影响。工程的兴建，对局部湿度、降水、气温等气候产生不同程度的影响。

4）对生物多样性的影响。水利工程的兴建对生物多样性的影响表现为多层次的，如大坝的建设，切断了河流的通道，对洄游生物等生物多样性影响是明显的，这正是目前反对兴建大坝的最主要的原因之一。

（2）水资源利用过度开发引发的生态环境问题　水资源过度开发引起的生态环境问题可以分为地表水和地下水过度开发引发的生态环境问题。地表水的过度开发使用引起的生态环境问题是多样的，最严重的生态环境问题是断流，从而引发的系列问题。例如，黄河是我们的母亲河，它的断流不仅影响了生态和经济发展，而且曾在国内外产生巨大的反响。目前，河流断流一直威胁着北方河流。据统计 2000 年河流断流数为 60 条，断流河流的总长度占断流河流总长度的 35%。

地下水的过度利用，也引发了系列的生态环境问题。根据统计，我国累计超采地下水 1531 亿 m^3，其中北方地区超采严重，海河流域地下水超采面积占海河区平原面积的 91%。地下水超采引发的生态环境问题包括：地面沉降、裂缝、塌陷、海水入侵以及植被的大面积的死亡。全国沉降面积 6 万平方公里。例如，天津地面最大累积沉降达 3140mm；全国已经发生塌陷 2500 处，裂缝 6000 条，其中 30%是由地下水超采引起的；海水入侵，目前有 1500 平方公里，一些地区因超采地下水植被死亡，特别是一些沙漠地区更加明显。

（3）污水排放引发的生态环境问题　我国水污染严重，无论是地表水、地下水还是海水，质量都不容乐观。全国 61.9%河段地表水质在Ⅳ类以上，特别是海河达到 78.5%。全国约有一半城市市区地下水污染比较严重，由污染造成的缺水城市和地区日益增多。全国未达到清洁海域水质标准的面积约 16.9 万平方公里，其中近岸海域污染严重，特别是渤海湾、江苏近岸、长江口、杭州湾、珠江口等局部海域。形成污染的因素很多，污水排放是重要因素，全国工业和城镇生活废水排放总量为 460.0 亿 t，不同程度地污染了江河湖泽，给生态环境带来了巨大冲击。

（4）水资源开发引发的湿地生态环境问题　湿地与水资源关系密切相关。湿地具有净化水质、提供稳定的水源、消洪、滞洪等多种生态功能。一些水利工程的修建，隔断了河流与沼泽等湿地水体之间的天然联系；挖沟排水，又使湿地不断疏干，导致湿地水文变化，功能下降，甚至导致某些湿地消失。如黑龙江扎龙湿地因水资源开发产生了系列问题。

因此，合理开发利用水资源，通过节约用水、污水治理处理、中水回用、江河治理等措施去改善水环境，会带来生态环境的改善、土壤环境的改善、森林环境的改善……

2. 矿产资源对环境的影响

矿产资源的过度开发引起的环境问题主要有以下几个方面：

（1）大量地使用矿物能源，引起大气污染和温室效应　大量使用矿物燃料将产生气溶胶（固体和液体微粒）和污染气体两类。

根据物理性质气溶胶污染物又可以分为粉尘类、烟尘类和雾滴类。粉尘类由多种工业生产所产生，主要包括强土、石英、水泥、煤粉的粉尘以及各种金属粉尘等。烟尘一般是由燃烧所产生的飞灰和黑烟，其直径比粉尘小得多。雾滴类是大气中液态悬浮体的总称。

大气气溶胶中直径大于10μm者称为降尘，大部分降落在污染源附近；小于10μm者叫飘尘，它们能较长期停留在大气之中，可以通过呼吸进入人体肺泡（引起矽肺、尘肺等），以至血液淋巴危害人体健康。更麻烦的是，这种气溶胶粒子上常吸附有污染气体和致癌性很强的大分子有机物。此外，粉尘中的重金属（如石棉、砷、锦等）许多也是致癌物质。

气体污染物可以大体分为硫氧化合物、氮氧化合物、碳氢化合物和碳氧化合物等。硫氧化合物中主要是二氧化硫，其中约90%来自燃烧矿物燃料。氮氧化合物中以二氧化氮危害最大，它对眼睛、呼吸道有强烈刺激作用，能引起喉炎和急性哮喘等症，以至发展成肺气肿而死亡。更为严重的是，在阳光紫外线的作用下，二氧化氮分解为一氧化氮和氧原子。不稳定的氧原子和氧分子结合成为臭氧，产生光化学烟雾（光化学烟雾中85%以上是臭氧）。受害者的症状类似二氧化氮中毒，但毒性比二氧化氮大得多。城市中二氧化氮主要是汽车尾气排出的。

“温室效应”的产生，是由于大气中二氧化碳不断增加。全球变暖会引起海洋温度升高，造成全球气候严重异常变化，大面积的农业歉收、水资源枯竭以及森林资源毁灭，必将破坏生态平衡，给人类带来灾难。

（2）采矿过程中毁坏大量的森林和植被　采矿活动破坏了大量耕地和建设用地。因采矿及各类废渣、废石堆置等，全国累计侵占土地达586万公顷（1公顷 = $10^4 m^2$），破坏森林106万公顷，破坏草地26.3万公顷。地表植被破坏和大量堆放的尾矿，导致严重的水土流失和土地荒漠化。如准格尔煤田土地沙化面积已占煤田面积的21%。

（3）采矿诱发地质灾害　全国因采矿引起的塌陷180余处，塌陷坑1600多个，塌陷面积1150平方公里。全国发生采矿塌陷灾害的城市近40个，造成严重破坏的25个，每年因采矿地面塌陷造成的损失达4亿元以上。由于地下采空、地面及边坡开挖影响了山体、斜坡稳定，还会导致地面开裂、崩塌和滑坡等地质灾害。

（4）采矿使矿区水均衡遭受破坏，产生各种水环境问题　如山西省，因采煤造成18个县26万人吃水困难，30万亩（1亩 = $666.7 m^2$）水田变成旱地，全省井泉减少了3000多处。另据不完全统计，因废渣、尾矿造成水体严重污染的有色金属矿山达30多座。

（5）采矿破坏自然地貌景观，影响整个地区环境的完整性

因此，合理开发利用矿产资源，通过节约能源、减少污染、依法治矿、科学采矿等措施，直接改善大气环境、水环境，会进一步改善生态环境、土壤环境、森林环境……

3. 海洋资源对环境的影响

海洋资源污染和破坏对环境会造成如下影响：

（1）引起海水污染产生毒害物富集和赤潮　有害、有毒物质进入海洋，在海洋生物体内聚积，一旦被人体吸入，将会导致大规模病害，影响人体健康。

高浓度有机物质流入到海洋，会很容易导致海水营养过量的状态，叫做“富营养化”。水域中如果有过多的植物浮游生物或者大型植物，会使水混浊、腐朽，充满恶臭气味，阻挡阳光照射，从而使如海藻类的水生植物死亡；另外，“富营养化”还会导致浮游生物异

常增殖，使海水的颜色变化，一般叫做“赤潮”，浮游生物繁殖后会毙死，造成无氧的环境，或因为有毒物质的生成使底栖生物和养殖物大量死亡。

(2) 引起海岸带动植物死亡，造成海岸侵蚀　例如，滨海湿地、红树林和珊瑚礁破坏，我国70%左右的沙质海岸和大部分处于开阔水域的泥质潮滩均存在着海岸侵蚀现象。

(3) 造成鱼类减少，生物多样性消失　海水污染使世界上75%的鱼群已经消失或达到它们的生物极限。

(4) 海洋生物对大气的影响　浮游生物的死亡会导致海洋吸收二氧化碳能力减低，最终加速温室效应。

因此，合理开发利用海洋资源、保护海洋环境，会减少人类对陆上资源的依赖，减缓不可再生资源的耗竭时间，提高可再生资源的再生能力，保护海洋生态资源，改善大气环境……

4. 土地资源对环境的影响

土地资源过度开发、农药化肥的过度使用，会破坏生态环境，造成水土流失、荒漠化和土壤污染。水土流失和荒漠化会进一步引起生物灭绝和气候变化，使气候环境、生态环境和土壤环境进入恶性循环。

因此，合理开发利用土地资源，退耕还林、退耕还湖、科学种田等措施，会改善森林资源、减少水土流失，会进一步改善生态环境、大气环境……

5. 生态资源对环境的影响

过度开发利用生态资源，会导致某些物种的灭绝，破坏生态循环，导致生态失衡。

合理开发利用生态资源，通过保持物种的多样性，开发利用新生物种，会减少人口增长对资源消耗的压力，防止单一物种消耗殆尽所带来的食物链中断。

思考与讨论：试阐述改善单一环境对改善其他环境的影响。

本章小结

一、资源的分布

1. 自然资源

自然资源是指自然界中能被人类用于生产和生活的物质和能量的总称。如空气、土地、水、森林、草原、矿藏、海洋、野生动植物、阳光等。

按自然资源的地理学性质可分为土地资源、水资源、森林资源、矿产资源、气候资源等。

2. 世界资源的现状

目前全球受到淡水资源短缺、土地荒漠化、森林资源破坏、矿产资源匮乏、物种资源灭绝的威胁，但还有广阔的海洋资源未被开发利用。

3. 我国资源状况及特点

我国资源状况及特点概括为：资源总量大，人均占有少；资源种类多，类型齐全；资源分布不均，开采利用难；资源质量差，优质资源少。

二、资源的开发与利用

1. 水资源的开发利用

水资源是一种动态资源，不像其他资源如煤炭、石油那样稳定，不去开发利用不会丧失，水资源是一种不去利用便要舍弃或流失的资源。它的水量和质量随着时间和地区而不断发生变化。过度开采会局部枯竭，合理利用、减少污染和浪费，是全人类面临的问题。

2. 矿产资源的开发利用

矿产资源是不可再生资源，合理开发利用、综合利用、循环利用是全人类面临的又一难题。

3. 海洋资源的开发利用

海洋资源是指蕴藏于海洋环境中可以被人类利用的物质和能量，以及与海洋开发有关的海洋空间。海洋资源包括海洋生物资源、海洋化学资源、海底矿产资源、海洋再生能源和海洋空间资源。

海洋是尚未充分开发利用的自然资源宝库和巨大的环境空间，是人类可以开发自然资源的“第六大洲”。

4. 土地资源的开发利用

土地资源是指已经被人类所利用和可预见的未来能被人类利用的土地。土地资源既包括自然范畴，即土地的自然属性，也包括经济范畴，即土地的社会属性，是人类的生产资料和劳动对象。随着世界人口的增加，土地资源变得越来越宝贵，合理开发利用是全人类不可回避的事情。

5. 生物资源的开发利用

生物资源是指生长在自然界中的能够直接或间接被人类利用的动植物和微生物的总称。随着社会经济的发展，人类对生物资源的需求随之改变，但它们在人类经济与文化生活中的重要性及其价值，并没有任何消减；相反还在不断地提高，特别是那些珍稀品种。保护物种生物的多样性，有节制地开发利用生物资源，是全人类必须做的。

三、资源与环境

1. 各种资源相互依存构成了地球环境

岩石圈、水圈、大气圈和生物圈等地球环境是资源系统的载体或成分，各圈层互相连接、叠加、耦合，构成统一的、不可分割的自然资源体系。

2. 合理开发利用资源改善地球环境

合理开发利用淡水资源、矿产资源、土地资源、生态资源、海洋资源都会改善地球环境，反之，会破坏地球环境。

思考与实践

1. 查阅当年我国及本地区水资源状况，和上一年度比较。
2. 查阅世界矿产资源状况，各主要矿藏耗竭时间如何？
3. 查阅我国海洋资源状况。
4. 调查我国土地资源状况，以及本地区土地资源开发利用状况。
5. 查阅我国的农业资源状况、森林资源状况、海洋生物资源状况、淡水生物资源状况。

6. 调查当地的生物资源状况，以及开发利用保护状况。
7. 总结自己在能源、水资源、生物资源使用中的优点与不足，制定改善措施。

参考书与相关网站

1.《中国：空气、土地和水》ISBN：7-80163-176-5
2.《废物资源化与安全处置技术概论》ISBN：7-80209-192-6
3.《能源与环境：中国2020》ISBN：7-80163-993-6
4.《矿区生态破坏与生态重建》ISBN：7-80163-881-6
5.《生命之水—纵谈水资源》ISBN：7-80163-877-8
6. 国家海洋局 http：//www.soa.gov.cn
7. 生物资源频道 http：//www.chinabrc.net
8. 中国生物资源信息网 http：//www.brc.ac.cn
9. 中国国家生物多样性信息交换所 http：//www.biodiv.gov.cn
10. 中国环境资源网 http：//www.ce65.com

第 8 章　环境管理与法规

内容提要：本章主要介绍环境管理、环境保护法、环境标准等基本概念或定义；环境法在环境保护中的作用；环境管理的特点、基本职能、管理制度，以及我国的环境保护法律体系、环境标准体系的构成和法律责任。

学习要点：通过学习全面理解环境管理的概念，明确环境管理的核心是实施经济社会与环境的协调发展，环境管理需要用各种手段限制人类损害环境质量的行为。了解环境法、环境标准及其分类，了解环境管理的特点、基本职能、有关制度和环境保护法规。

环境管理是协调人类社会经济发展与环境保护关系的重要途径和手段，也是环境保护工作的重要内容之一。它在环境保护的实践中产生，又在实践中不断发展。早在 20 世纪 70 年代以前，环境问题往往被看作是单纯的污染问题，采取的对策通常是运用工程技术措施进行治理，并且运用法律、行政手段限制排污。通过实践人们逐步认识到环境问题除了污染问题以外，还有沙漠化、水土流失、生态失调等自然资源破坏问题。因此，必须在发展的同时采取预见性政策，合理利用环境资源，预防污染。

1974 年，联合国环境规划署和联合国贸易和发展会议（UNCTAD）在墨西哥联合召开了“资源利用、环境与发展战略方针”讨论会，提出了发展是为了满足人类的需要，但又不能超过生物圈的承载能力的看法。会议认为：协调环境和发展目标的方法就是环境管理。这是首次正式提出环境管理的概念。

8.1　环境管理

8.1.1　环境管理的含义和内容

1. 环境管理的含义

环境管理的含义为：“通过全面规划，协调发展与环境的关系；运用行政、法律、经济、技术、教育等手段，限制人类损害环境质量的活动；达到既要发展经济满足人类的基本需要，又不超出环境的容许极限。”

为了比较全面地理解环境管理的含义，我们必须注意以下几个基本问题。第一，协调发展与环境的关系；第二，动用各种手段限制人类损害环境质量的行为；第三，环境管理是一个动态过程，它必须随着社会科技的发展及时调整策略和方法；第四，环境保护是国际社会共同关注的问题，因此，环境管理需要全世界各国之间的协调合作。

2. 环境管理的主要内容

环境管理涉及的内容广泛，其主要内容通常从以下两个方面来划分：

（1）环境管理的范围划分

1）资源环境管理：主要是自然资源的保护和利用。它包括可再生的与不可再生的各种自然资源的管理。如水资源管理、土地利用规划、矿产资源管理、森林资源管理、生物资源管理等。

2）区域环境管理：指某一地区的环境管理，如城市环境管理、水域环境管理、开发区环境管理等。区域环境管理是环境管理工作的重点和中心，主要是协调区域经济发展目标与环境目标，进行环境影响预测，制定区域环境规划等。

3）部门环境管理：它包括工业环境管理、农业环境管理、能源环境管理、交通运输环境管理、商业和医疗等部门的环境管理以及各行业、企业的环境管理等。

（2）环境管理的性质划分

1）环境计划的管理：环境计划包括工业交通污染防治计划、城市污染控制计划、流域污染控制规划、自然环境保护计划，以及环境科学技术发展计划、宣传教育计划等；还包括在调查、评价特定区域的环境状况的基础上综合制定的区域环境规划。

2）环境质量的管理：主要有组织制定各种环境质量标准、各类污染物排放标准和监督检查工作；组织调查、监测和评价环境质量状况以及预测环境质量变化的趋势。

3）环境技术的管理：主要包括确定环境污染和破坏的防治技术路线和技术政策；确定环境科学技术发展方向；组织环境保护的技术咨询和情报服务；组织国内和国际的环境科学技术合作交流等。

8.1.2 环境管理的特点和基本任务

1. 环境管理的特点

环境管理具有三个基本特点：

（1）环境管理的综合性　由于环境管理的内容涉及土壤、水、大气、生物等各种环境因素，环境管理的领域涉及经济、社会、政治、自然、科学技术等方面，环境管理的范围涉及国家的各个部门，所以，环境管理具有高度的综合性，表现在必须采取立法、经济、教育、技术和行政等各种措施相结合的办法，才能有效地解决环境问题。

（2）环境管理的区域性　由于环境状况受到地理位置、气候条件、人口密度、资源蕴藏、经济发展、生产布局以及环境容量等多方面的制约，所以环境管理具有明显的区域性。也就是必须根据各地的不同特点，因地制宜，采取不同的管理措施。

（3）环境管理的公众性　环境问题是关系全社会的问题，没有公众的合作就无法取得实效。因此，要通过环境教育，使人们认识到必须保护环境和合理利用环境资源，争取尽可能多的公众的积极参与和强大的舆论监督力量，才能搞好环境管理。

2. 环境管理的基本任务

1）合理开发利用自然资源，减少和防治环境污染，维持生态平衡，促进国民经济长期稳定地发展。

2）贯彻和研究制定有关环境保护的方针、政策、法规和条例，正确处理经济发展与环境保护的关系。

3）建设一个清洁、优美、安静、生态健全发展的人类环境，保护人民健康，促进经济发展。

4) 开展环境科学研究，培养科学技术人才，加强环境保护宣传教育，不断提高全民对环境保护的认识水平。

8.1.3 环境管理的手段

环境管理的目的就是从宏观到微观对人类自身的行为进行管理，以尽可能快的速度逐步恢复被损害了的环境，并减少甚至消除新的发展活动对环境的结构、状态、功能所造成的新的损害，保证人类与环境能够持久地、和谐地协同发展下去。为使环境管理收到良好的效果，必须采取强有力的手段。主要手段如下：

(1) 行政手段　行政手段主要指国家和地方各级行政管理机关，根据国家行政法规所赋予的组织和指挥权力，制定方针、政策，颁布法规、标准，进行监督协调，对环境资源保护工作实施行政决策和管理。它是环境保护部门经常大量采用的手段。

(2) 法律手段　法律手段是环境管理的一种强制性手段，是把国家对环境保护的要求、做法，全部以法律形式固定下来，强制执行。按照环境法规、环境标准来处理环境污染和破坏问题，对违反环境法规、污染和破坏环境、危害人民健康和财产的单位或个人给予批评、警告、罚款，或责令赔偿损失；协助和配合司法机关对违反环境保护法律的犯罪行为进行斗争，协助仲裁等。依法管理环境是控制并消除污染，保障自然资源合理利用，并维护生态平衡的重要措施。

(3) 经济手段　经济手段是环境管理的重要措施。它是指利用价值规律，运用价格、税收、信贷等经济杠杆，控制生产者在资源开发中的行为，以便限制损害环境的社会经济活动，奖励积极治理污染的单位，促进节约和合理利用资源，充分发挥价值规律在环境管理中的杠杆作用。具体包括对积极防治环境污染而在经济上有困难的企业、事业单位给予资金援助；对排放污染物超过国家规定标准的单位，按照污染物的种类、数量和浓度征收排污费；对违反规定造成严重污染的单位或个人处以罚款；对排放污染物损害人群健康或造成财产损失的排污单位，责令对受害者赔偿损失；对利用废弃物质生产的产品给予减、免税收或其他物质上的优待；对利用废弃物作生产原料的企业不收原料费。此外，还有推行开发、利用自然资源的征税制度等。例如，福建省对煤炭等矿产资源的开发征收环境补偿费；江苏省对集体矿山和个体采矿业征收矿产资源费和整治基金；广西壮族自治区对乡镇集体矿山企业和个体采矿选矿征收排污费等。

(4) 技术手段　技术手段是指借助那些既能提高生产率，又能对环境污染和生态破坏控制到最小限度的先进技术以及先进的污染治理技术等，来达到保护环境的目的。技术手段种类很多，如推广和采用无污染工艺和少污染工艺；因地制宜地采取综合治理和区域治理技术；登记、评价、控制有毒化学品的生产、进口和使用；交流国内外有关环境保护的科学技术情报；组织推广卓有成效的管理经验和环境科学技术成果；开展国际间的环境科学技术合作等。运用技术手段，可以实现环境管理的科学化。

(5) 宣传教育手段　宣传教育是环境管理不可缺少的手段，它既是普及环境科学知识，又是一种思想动员。宣传教育手段主要是通过书报、期刊、电影、广播、电视、展览会、报告会、专题讲座等多种形式，向公众传播环境科学知识，宣传环境保护的意义以及国家有关环境保护和防治污染的方针、政策、法令等，提高全民族的环境意识，从而制止浪费资源、破坏环境的行为。

8.1.4 环境管理的基本职能

(1) 计划　计划职能是环境管理的首要职能。所谓计划职能，是指对未来的环境管理目标、对策和措施进行规划和安排。它包括确立短期和长期的管理目标，以及选定实现管理目标的对策和措施。

(2) 协调　协调职能是指在实现环境管理目标的过程中协调各种横向和纵向关系及联系的职能。从宏观上讲，环境管理就是要协调环境保护与经济建设和社会发展的关系，实现国家的可持续发展。从微观上讲，环境管理就是要协调社会各个领域、各个部门、各个层次人们的各种需求和经济利益关系，以适应环境准则。

(3) 监督　监督是环境管理活动中的一个最基本、最主要的职能。所谓环境监督是指对环境质量的监测和对一切影响环境质量行为的监察。按照监督的功能划分，环境监督包括内部管理监督和外部管理监督。内部管理监督主要指环境管理部门从执法水平和执法规范两方面开展的系统内部的监督，通过内部监督来加强环保执法人员政策水平。外部监督是环境保护部门开展管理的主要监督内容和形式，主要指环境管理部门依据国家的环境法律、法规标准以及行政执法规范对一切经济行为主体开展的环境监督。

(4) 指导　指导是指环境管理者在实现管理目标过程中对有关部门具有的业务指导职能。它包括纵向和横向指导两个方面：上级环境管理部门对下级管理部门的业务指导；同一级政府领导下的环境管理部门对同级相关部门开展环境保护工作的业务指导。

8.1.5 环境管理制度

我国在环境保护的实践中，经过不断探索和总结，逐步形成了一系列符合中国国情的环境管理制度。

1. 环境影响评价制度

环境影响评价制度是指把环境影响评价工作以法律、法规或行政规章的形式确定下来而必须遵守的制度。它要求在工程、项目、计划和政策等活动的拟定和实施中，除了传统的经济和技术等因素外，还需要考虑环境影响，并把这种考虑体现到决策中去。环境影响评价制度是我国环境保护的主要法律制度之一，也是环境监督管理的主要制度之一，它对于贯彻预防为主的环境保护原则，预防新的污染源出现、缓减我国环境污染和生态破坏发挥着极为重要的作用。

环境影响评价作为一项正式的法律制度首创于美国。1969年美国《国家环境政策法》(National Environmental Policy Act of 1969，NEPA）把环境影响评价作为联邦政府管理中必须遵循的一项制度。据统计，到1996年，全世界已有85个国家制定了有关环境影响评价的法律。目前，环境影响评价制度正逐步成为一项各国以及国际社会通用的一项环境管理制度和措施。1972年，联合国斯德哥尔摩人类环境会议之后，我国开始对环境影响评价制度进行探讨和研究。1979年颁布的《环境保护法（试行)》借鉴国外的做法，对这一制度作了明确规定。从此，我国从立法上确立了环境影响评价制度。除此之外，我国还通过各种具体立法对环境影响评价制度作了具体规定。如1982年颁布的《海洋环境保护法》、1984年颁布的《水污染防治法》、1987年颁布的《大气污染防治法》、1988年颁布的《水法》和《野生动物保护法》等法律中就对海洋环境影响评价、水环境影响评价、大气环境影响评价、水资源环境影响评价、野生动物环境影响评价等作了具体规定。

2."三同时"管理制度

"三同时"制度是指新建、扩建、改建项目和技术改造项目、自然开发项目，以及可能对环境造成损害的工程建设项目，其防治污染及其他公害的设施，必须与主体工程同时设计、同时施工、同时投产。

3. 排污收费制度

这是20世纪70年代引进的一项贯彻"谁污染、谁治理"的管理思想、以经济手段保护环境的管理制度。这一制度是对向环境排放污染物或者超过国家排放标准排放污染物的排污者根据有关规定征收一定的费用。它与环境影响评价制度和"三同时"管理制度共同组成了我国的"老三项"环境管理制度。

4. 环境保护目标责任制度

环境保护目标责任制度是一项依据国家法律规定,具体落实地方各级政府和有污染的单位对环境质量负责的行政管理制度。它确定了一个区域、一个部门乃至一个单位环境保护的主要责任者和责任范围,运用目标化、定量化、制度化管理的方法,把贯彻执行环境保护这一基本国策作为各级政府和决策者的政绩考核内容,推动环境保护工作全面、深入地发展。

5. 城市环境综合整治定量考核制度

所谓城市环境综合整治，就是把城市环境作为一个整体，采取多功能、多目标、多层次的综合战略手段和措施，对城市环境进行综合规划、综合管理、综合控制，以实现城市的可持续发展。

6. 排污许可证制度

排污许可证制度是以改善环境质量为目标，以污染物总量控制为基础，对排污的种类、数量、性质、去向、方式等的具体规定，是一项具有法律含义的行政管理制度。

7. 污染限期治理制度

污染限期治理制度是强化环境管理的一项重要制度。它是指对特定区域内的重点环境问题采取限定治理时间、治理内容、治理效果的强制性措施。

除上述制度外，我国的环境管理制度还有污染集中控制制度、环境预审制度、现场检查制度和污染强制淘汰制度等。

课堂练习： 什么叫环境管理？举例说明环境管理的重要性。

8.2 环境保护法规

环境保护法规是随着环境问题的出现和发展而产生的。如我国古代的环境法律条文中，主要内容只是为了防止农牧业生产对环境的破坏，以保护森林、水源及生活环境。而18世纪出现产业革命后，工业空前发展，城市人口集中，由工业和生产带来的环境污染迅速增加，公害事件时有发生。于是，有的国家开始制定防止污染的专门法规。1864年美国的《煤烟法》、1876年英国的《河流防治法》，就是在这种背景下产生的。从20世纪初至今，现代化工业迅猛发展，农业也有了大的发展，世界各国资源和能源需求量和各种废弃物的排放量大大增加，环境的破坏和污染十分严重。因此，环境问题引起世界各国特别是工业发达国家的高度重视。国家级的环境保护法规、地方环境保护法规和环保单项法规相继产生。1989 年我国公布了第一个《中华人民共和国环境保护法》，之后还制定了单项法规。有的省市自治区制定了地方环境保护法规。

8.2.1 环境保护法的基本概念

环境保护法是国家为了协调人类与环境的关系，保护和改善环境，保护人民健康和保障经济社会的持续、稳定发展而制定的，它是调整人们在开发利用资源、保护改善环境的活动中所产生的各种社会关系的法律规范的总和，又称“环境法”。“环境保护法”是国家整个法律体系的重要组成部分。它代表国家的意志、以国家强制力保证其实施，同时规定了环境法律关系主体的权利和义务。

我国的环境保护法既代表了广大人民群众的根本利益，又为经济建设服务，并且要遵循自然规律，因此，它具有与其他法律所不同的自身特点：

1）综合性：环境保护范围广泛，调整的社会关系不仅受经济、政治、文化的影响，而且受自然环境和科学技术的影响，因此环境法具有高度的综合性。

2）科学性：环境保护法将自然界的客观规律，特别是生态学的一些基本规律及环境要素的演变规律作为自己的立法基础，因而环境保护法中包含大量的反映这些客观规律的科学技术性规范。

3）共同性：环境问题是世界各国所面临的共同问题。由于任何国家环境问题产生的原因大同小异，因而，解决环境问题的理论根据、途径和方法也有许多相似之处。因此，世界各国的环境保护法有共同的立法基础，有许多共同的规定，这些共同性使得世界各国在解决本国和全球环境问题时有许多共识。

我国《环境保护法》的任务是“为保护和改善生活环境与生态环境，防治污染和其他公害，保障人体健康，促进社会主义现代化建设的发展”。其主要内容包括：

1）环境保护法的任务、指导思想和基本原则。

2）环境监督管理。主要是环境质量的管理、法规标准制定及环保项目的规定。

3）保护和改善环境。包括对各类自然生态系统区域、野生动物植物分布区域、重要水源涵养区域、自然遗迹以及人文遗迹等加以保护。

4）防止环境污染和其他公害。

5）对违犯环境保护法规应承担的法律责任。

总之，环境保护法是保证环境保护工作顺利开展的有力武器；是推动环境法建设的强大动力；也是维护我国环境权益的重要工具。

8.2.2 我国环境保护法体系

环境保护法在世界各国的立法体系中是一个新兴的法律，它是国家整个法律体系的重要组成部分。环境保护法体系是指为了调整因保护和改善环境、防治污染和其他公害而产生的各种法律规范，以及由此形成的有机联系的统一整体。我国的环境保护法经过 20 多年的建设与实践，已基本形成了较为完备的法律体系。主要包括以下八个方面。

1. 宪法关于环境保护的规定

宪法是我国环境法的立法依据，是我国环境法的基石。在我国的《宪法》中明确指出环境保护是我国的一项基本国策；设有保护环境的规范；还明确规定了环境保护工作的内容和范围。如宪法第二十六条规定："国家保护和改善生活环境和生态环境，防治污染和其他公害"；第九条第二款规定："国家保障自然资源的合理利用，保护珍贵的动物和植物，禁止任何组织和个人用任何手段侵占或者破坏自然资源"。

2. 环境保护基本法

环境保护基本法是对环境保护方面的重大问题作出规定和调整的综合性立法，是制定其他环保法规的依据。我国的环境保护基本法是1989年12月26日颁布实施的《中华人民共和国环境保护法》。该法规定了国家在环境保护方面的总的方针、政策、原则、制度，规定了环境保护的对象，确定了环境管理的机构、组织、权利、责任，以及违法者应承担的法律责任。

3. 环境保护单项法

单项的环境保护法规是我国环境保护法的支干。它们是以宪法和环境保护法为基础，为保护某一个或几个环境要素或为了调整某方面社会关系而制定的，是宪法和环境保护基本法的具体化。目前已颁布实施的环境保护单项法有《大气污染防治法》、《水污染防治法》、《固体废物污染防治法》、《海洋环境保护法》和《防止噪声污染防治法》、《森林法》、《草原法》、《煤炭法》、《矿产资源法》、《渔业法》、《水法》、《土地管理法》、《野生动物保护法》和《水土保持法》等。

4. 环境保护标准

环境标准在环境保护法规体系中占有重要地位，它是环境保护法实施的工具和依据，没有环境标准，环境保护法就难以实施。环境标准详见本章第三节。

5. 处理环境纠纷程序的法规

环境纠纷处理法规是为及时、公正地解决因环境问题引起的纠纷而制定的，它包括关于环境破坏、环境污染赔偿法律及环境犯罪惩治法律等。如"环境保护行政处罚办法"、"报告环境污染事故的暂行办法"等。

6. 其他相关法律

在我国民法、刑法、经济法、劳动法、行政法等相关法中，含有大量有关保护环境的法律规定，它们也是环境保护法体系的重要组成部分。

7. 地方环境保护法规

地方环境保护法规是由各省、自治区、直辖市根据国家环境保护法规和地区的实际情况制定的综合性或单行环境保护法规，是对国家环境保护法律、法规的补充和完善，是以解决本地区某一特定的环境问题为目标的，具有较强的针对性和可操作性。

8. 有关环境保护的国际条约、国际公约

为加强环境保护领域的国际合作，维护国家的环境权益，同时承担应尽的国际义务，我国先后已缔结和参加了许多环境保护方面的国际条约，如《保护臭氧层维也纳公约》、《生物多样性公约》、《控制危险废物越境转移及处置巴塞尔公约》等。这些公约都是我国环境保护法律体系的有机组成部分。

8.2.3 环境保护法的基本原则

环境保护法的基本原则是环境保护方针、政策在法律上的体现，是调整环境保护方面社会关系的基本指导方针和规范，也是环境保护立法、执法、司法和守法必须遵循的准则。

（1）经济建设和环境保护协调发展的原则 经济建设和环境保护协调发展的原则是指经济建设和环境保护必须同步规划、同步实施、同步协调发展，从而实现经济效益、社会效益和环境效益的统一。协调发展是从环境保护与经济建设之间的相互关系角度对发展方式提出的要求。

（2）预防为主、防治结合、综合治理的原则 预防为主、防治结合、综合治理的原则的主要含义是指以“防”为核心，采取各种预防手段和措施，防止环境问题的产生及恶化，或者把环境污染和破坏控制在能够维持生态平衡、保护人体健康、保障社会物质财富持续稳定增长的限度之内。预防为主是解决环境问题的一个重要途径，预防污染不仅可以大大提高原材料、能源的利用率，而且可以大大地减少污染物的产生量，避免二次污染，减少末端治理负荷，节省环保投资和运行费用。对已形成的污染，则要进行积极治理，防治结合，尽量减少污染物的排放量，尽量减轻对环境的破坏程度。同时，还应把环境与人口、资源与发展联系在一起，从整体上来解决环境污染和生态破坏问题。采取各种有效手段，包括经济、行政、法律、技术、教育等，对环境污染和生态破坏进行综合防治。

（3）污染者付费原则 污染者付费原则，在我国环境保护法中称为“谁开发，谁保护”，“谁污染，谁治理”原则。开发利用自然资源的单位和个人对森林、草原、土地、水体、大气等资源，不但有依法开发利用的权利，而且还负有依法管理和保护的责任。同样，凡是对环境造成污染，对资源造成破坏的企业单位和个人，都应当根据法律的有关规定承担防治环境污染、保护自然资源的责任，都应支付防治污染、保护资源的费用。只有这样，才能有效地保护自然环境和自然资源，防止生态系统的失调和破坏，才能做到合理开发利用自然资源，为经济的可持续发展创造有利的条件。

（4）政府对环境质量负责的原则 环境保护是一项涉及政治、经济、技术、社会各方面的复杂而又艰巨的任务，关系到国家和人民的长远利益，解决这种事关全局、综合性很强的问题，只有政府才有这样的职能。《中华人民共和国环境保护法》第十六条明确规定：“地方各级人民政府，应当对本辖区的环境质量负责，采取措施改善环境质量。”政府对环境质量负责，就是要求政府采取各种有效措施，协调方方面面的关系，保护和改善本地区的环境质量，实现国家制定的环境目标。

（5）公众参与原则 公众参与原则是目前世界各国环境保护管理中普遍采用的一项原则。1992 年，联合国环境与发展大会通过的《里约环境与发展宣言》明确指出：“环境问题最好是在全体有关市民的参与下”进行。而我国早在 1973 年，第一次全国环保会议确定的环保 32 字方针中就明确提出“依靠群众、大家动手”，在随后颁布的《环境保护法》中也体现了这一原则。1994 年公布的《中国 21 世纪议程》还设立了“团体及公众参与可持续发展”的专章。

环境质量的好坏关系到广大人民群众的切身利益，每个公民都有了解环境状况、参与保护环境的权利。在环境保护工作中，要坚持依靠广大群众的原则，组织和发动群众对污染环境、破坏环境和破坏生态的行为进行监督和检举，组织群众参与并依靠他们加强环境管理活动，使我国的环境保护工作真正做到“公众参与、公众监督”，把环境保护事业变成全民的事业。

8.2.4 环境保护法的法律责任

环境保护法同其他法律一样具有国家强制性。环境法中关于违法或者造成环境破坏、环境污染者应承担的法律责任的规定是它的重要组成部分。1989年我国公布了第一个《中华人民共和国环境保护法》，它和其他的单行自然资源法、特殊区域环境保护法均规定了违反法律和法规的相应责任。按其承担的方式分为三种：行政责任、民事责任、刑事责任。

(1) 行政责任　行政责任是指违反环境保护法和国家行政法规有关行政义务的单位或个人所应当承担的法律责任。承担行政责任的方式有行政处罚和行政处分两种。

1) 行政处罚是对犯有轻微的违法行为者所实施的一种较轻的处罚。对于行政处罚的种类，各种法律的规定有所不同。就环境法来说主要有：警告、罚款、没收财产、取消某种权利，责令支付整治费用和消除污染费用，消除侵害恢复原状，责令赔偿损失，停止及关、停、并、封，剥夺荣誉称号，拘留等。

2) 行政处分也称纪律处分，是指国家机关或单位对其下属人员依据法律或内部规章的规定施加的处分，包括警告、记过、记大过、降级、降职、撤职、开除留用、开除等八种。

(2) 民事责任　环境法中的民事责任是指公民、法人因污染或破坏环境而侵害公共财产或者他人的人身、财产所应当承担的民事责任。其种类主要有：停止侵害、排除危害，消除危险，恢复原状，返还财产，赔偿损失和收缴、没收非法所得及进行非法活动的器具，罚款等。

(3) 刑事责任　环境刑事责任是指行为人因故意或过失实施了严重危害环境的行为，并造成了人身伤亡或公私财产的严重损失，已经构成犯罪要承担刑事制裁的法律责任。我国刑法中规定了对以下九种与环境有关的犯罪活动要追究刑事责任：用危险的方法破坏河流、森林、水源罪；用危险的方法致人伤亡及致使公私财产遭受重大损失罪；违反爆炸性、易燃性、放射性、毒害性、腐蚀性物品管理规定罪；滥伐、乱伐森林罪；滥捕、破坏水产资源罪；滥捕、盗捕野生动物罪；破坏文物、古迹罪；重大责任事故罪；渎职罪等。

思考与讨论：你所了解的环境法规有哪些？结合实际谈谈如何遵守环境保护法规。

8.3 环境标准

环境标准是有关控制污染、保护环境的各种标准的总称。它是为了保护人类健康、防治环境污染、促使生态良性循环，合理利用资源，促进经济发展，根据国家的环境政策和法规，对环境中的有害成分含量及其排放源规定的限量阈值和技术规范，是进行环境监测、环境质量评价、环境管理的重要依据，是环境保护工作的核心和目标。

8.3.1 环境标准体系

环境标准随着环境问题的出现而产生，它是由各国政府所制定的强制性或推荐性的环保技术法规。国际标准化组织（简称ISO）从1972年开始制定一些基础标准和方法标准，以统一各国环保工作中所作的各种规定。由于环境科学的不断发展，保护环境、改善环境质量，有效控制污染排放的呼声越来越高，所制定的环境标准也越来越多，这些标准构成了环境标准体系。如，环境空气标准体系，水环境（地表水、地下水和海洋）标准体系，土壤环境标准体系，噪声标准等。我国目前已发布了400多项国家环境标准。我国现行的环保标准体系分为两级、五类。

两级标准是指国家标准和地方标准。国家环境标准是由国务院环保行政主管部门制定，适用于全国范围内的一般环境问题。地方环境标准是由地方（如省、自治区、直辖市）人民政府制定，带有区域性特点，适用于本地区的环境状况和经济技术条件，是对国家标准的补充和具体化。我国的环境质量标准和污染排放标准分国家级和地方级；环境基础标准、方法标准、样品标准只有国家标准。

五类标准是指环境质量标准、污染排放标准、基础标准、方法标准和样品标准。环境质量标准是为了保护人类健康、生态平衡和社会物质财富，对环境中有害物质和相关因素所作的限制性的规定。它是各类环境标准的核心和制定依据。污染物排放标准是以实现环境质量标准为目标，结合技术经济条件和环境特点，对排入环境的有害物质浓度、有害因素和污染物的总量所作的控制规定。它作为达到环境质量标准和环境目标的最重要手段，是环境标准中最为复杂的一类标准。环境基础标准是在环境保护工作范围内，对有指导意义的名词术语、符号、代号、指南、导则等所作的统一规定，是制定其他环境标准的基础。环境方法标准是在环境保护工作中为试验、检查、分析、抽样、统计计算等对象制定的标准。就其法律意义而言，环境保护方法标准和基础标准是确认环境纠纷中争议各方所出示的证据是否合法的依据。环境样品标准指对用来标定仪器、验证方法、进行量值传递或质量控制的材料或物质所作的规定。

为使每个标准制定得具有科学依据和符合我国经济发展的技术水平，要遵循下述基本原则：

1）以保障人体健康和保护生态平衡为首要原则。

2）以符合国家的经济条件和技术水平为原则。

3）考虑地区差异和实际污染水平，因地制宜、切实可行。

4）有利于促进我国经济的发展，促进对外经济合作和对外贸易。

5）积极采用国外的先进标准和国际标准，以利于国际间接轨。

8.3.2 我国主要的环境质量标准

建国以来，我国卫生部、国家建委、计委、农业部等部门针对涉及人民生活和安全的实际问题，陆续制定颁发了有关环保方面的标准。1973年以后，随着环境科学的发展和人们对环境问题认识的不断提高，又颁布了一系列环境质量标准，使我国的环境质量标准形成了一套较完整的体系。

1. 大气环境质量标准

大气环境标准包括大气质量标准和大气污染物排放标准。目前各国颁布的大气质量标准，是指居住区大气中有害物质的最高允许含量。确定这些含量的主要依据是动物急性中毒的阈剂量。制定大气质量标准一般不考虑低含量有毒物质的长期作用所发生的影响。大气质量标准是制定大气污染物排放标准的依据，二者之间存在着密切的关系，它们构成了控制和管理大气污染的技术法规体系。

我国1962年颁布的《工业企业设计卫生标准》中首次对居民区大气中的12种有害物质规定了最高允许含量。1982年颁发《大气环境质量标准》（GB 3095—1982），1996年又颁布了《环境空气质量标准》（GB 3095—1996），代替GB 3095—1982。

在环境空气质量标准中，一类区为自然保护区、风景名胜区和其他需要特殊保护的地区，一类区执行一级标准。二类区为城镇规划中确定的居住区、商业交通居民混合区、文化区、一般工业区和农村地区，二类区执行二级标准。三类区为特定工业区，它执行三级标准。

2. 水环境质量标准

水环境质量标准主要分为排水水质标准和水域水质标准两种。

排水水质标准是指在污染源出口处有害物质的最高允许含量。我国目前有《污水综合排放标准》（GB 8978—1996）、《城市污水处理厂污水污泥排放标准》（GJ 3025—1993）等。

水域水质标准是规定有害物质在某一环境中的允许浓度，它是依据自然水体的用途制定的。我国已颁布了《地表水环境质量》(GB 3838—2002)、《渔业水质标准》(GB 11607—1989)、《农田灌溉水质标准》(GB 5084—1992)、《生活饮用水卫生标准》(GB 5749—1985)等。

根据地表水域使用目的和保护目标将水域功能划分为五类：Ⅰ类主要适用于源头水、国家自然保护区；Ⅱ类主要适用于集中式生活饮用水源地区一级保护区、珍贵鱼类保护区、鱼虾产卵场等；Ⅲ类主要适用于集中式生活饮用水水源地区二级保护区、一般鱼类保护区及游泳区；Ⅳ类适用于一般工业区及人体非直接的娱乐用水区；Ⅴ类主要适用于农业用水区及一般景观要求水域。对同一水域兼有多种功能的依照最高类别功能划分。

3. 环境噪声标准

我国的环境噪声标准是以《城市区域环境噪声标准》（GB 3096—1993）（见表8-1）为主要的环境噪声标准，此外，还对一些特殊环境区域制定了一系列的标准，如对飞机场周围；铁路、公路两侧；建筑施工场界；船舶、车辆等都有具体的噪声限制规定。

表8-1 城市区域环境噪声标准 等效声级 L_{Aeq}/dB

类别	昼间	夜间
0	50	40
1	55	45
2	60	50
3	65	55
4	70	55

《城市区域环境噪声标准》适用于城市区域，标准中规定了城市中五类区域的环境噪声最高限值。

1）0类标准适用于疗养区、高级别墅区、高级宾馆区等特别需要安静的区域。

2）1类标准适用于以居住、文教机关为主的区域。

3）2类标准适用于居住、商业、工业混杂区。

4）3类标准适用于工业区。

5）4类标准适用于城市中的道路交通干线道路两侧区域。穿越城区的铁路主、干线两侧区域的背景噪声（指不通过列车时的噪声水平）限制也执行该类型标准。

4. 土壤环境质量标准

1995年，为防止土壤污染、保护生态环境制定的《土壤环境质量标准》（GB 15618—1995）适用于农田、蔬菜地、菜园、果园、牧场、林地和自然保护区等地的土壤。

土壤环境质量分为三类：Ⅰ类主要适用于国家的自然保护区、集中式生活饮用水源地、茶园、牧场和其他保护区的土壤，土壤质量基本上保持自然背景水平。Ⅱ类主要适用于一般农田、蔬菜地、茶园、牧场等土壤，土壤质量基本上对植物和环境不造成危害和污染。Ⅲ类适用于林地土壤及污染物容量较大的高背景值土壤和矿产附近的农田土壤。土壤质量基本上分三级：一级为保护区自然生态，维持自然背景的土壤质量的限制值，Ⅰ类土壤环境执行一级标准；Ⅱ类为保障农业生产，维护身体健康的土壤限制值，Ⅱ类土壤环境执行二级标准；Ⅲ类为保障农林业生产和植物正常生长的土壤临界值，Ⅲ类土壤环境执行三级标准。

以上环境质量标准及其他各类标准的具体内容，可参见有关手册或到环保部门查找，也可通过检索相关的环保网站等方法获得。

思考与讨论：结合你所知道的我国的环境质量标准，谈谈制定这些标准的意义。

本 章 小 节

一、环境管理、环境管理手段、环境管理制度

1. 环境管理

协调环境和发展目标的方法就是环境管理。通过全面规划，协调发展与环境的关系；运用行政、法律、经济、技术、教育等手段，限制人类损害环境质量的活动；达到既要发展经济满足人类的基本需要，又不超出环境的容许极限。

2. 环境管理的手段

为使环境管理取得良好的效果，主要采取行政、经济、技术、法律、宣传教育等手段。

3. 我国环境管理制度（主要有七项）

环境影响评价制度是我国环境保护的主要法律制度之一，也是环境监督管理的主要制度之一。而排污收费制度与环境影响评价制度和“三同时”管理制度共同组成了我国的“老三项”环境管理制度。

二、环境保护法、环境保护法的基本责任

“环境保护法”是国家整个法律体系的重要组成部分。它代表国家的意志、以国家强制力保证其实施，同时规定了环境法律关系主体的权利和义务。

1989年，我国公布了第一个《中华人民共和国环境保护法》。我国的《环境保护法》和其他的单行自然资源法、特殊区域环境保护法均规定了违反法律和法规的相应责任，按其承担的方式分为三种：行政责任、民事责任、刑事责任。

三、环境标准、我国主要的环境质量标准

环境标准是有关控制污染、保护环境的各种标准的总称。我国目前已发布了400多项

国家环境标准。我国现行的环保标准体系分为两级、五类。

我国主要的环境质量标准有：大气环境质量标准、水环境质量标准、环境噪声标准、土壤环境质量标准等。

思考与实践

1. 什么是环境管理？它有哪些职能和特点？
2. 环境管理的手段有哪些？
3. 查阅我国的环境管理制度详细内容。
4. 环境保护法的定义是什么？有何作用？
5. 查阅我国环境保护法的详细内容。
6. 我国环境保护法中规定的三种法律责任是什么？
7. 什么是环境标准？分几级、几类？
8. 制定环境质量标准的基本原则是什么？
9. 我国主要的环境质量标准有哪些？
10. 查阅我国大气、水环境质量标准。
11. 从你身边的事例和切身体会谈谈全民环境教育的重要意义。
12. 收集具体案例，结合实际谈谈进行环境法制的意义。
13. 衡量环境质量好坏有哪些标志？对所在学校进行环境质量调查。
14. 根据你所掌握的资料，对校园进行环境质量综合评价，提出可以改进的方案。

参考书与相关网站

1.《环境保护基础》ISBN：7-5025-4542-5
2.《现代环境科学导论》ISBN：7-5025-3359-1
3.《环境保护》ISBN：7-5025-3805-4
4.《人·环境与可持续发展》ISBN：7-81077-027-6
5.《环保知识》ISBN：7-5024-3482-8
6. 国家环境保护总局 http：//www.zhb.gov.cn
7. 中国环保网 http：//www.ep.net.cn

第 9 章　环境监测与评价

内容提要： 环境监测是环境保护工作的重要组成部分。通过环境监测可以使环境管理逐步实现从定性管理到定量管理的转变。环境质量评价与环境影响评价是强化环境管理的有效手段，对确定经济发展方向和保护环境等一系列重大决策起着重要作用。

学习要点： 通过学习掌握环境监测、环境质量、环境质量评价、环境影响评价、环境监测质量保证的概念；了解环境监测的目的、程序和方法；了解环境质量评价的分类和一般方法；污染源调查的基本内容及环境影响评价的重要性。

随着世界各国经济的发展，石油、煤、矿藏等自然资源被广泛开发利用；特别是人口密集的大城市和工矿区的建立，使环境污染问题日趋严重。为了寻求环境质量变化的原因，就需要对环境污染源进行监测、评价，因此，环境监测与环境质量评价在环境保护工作中起了重要作用。

9.1　环境监测

9.1.1　环境监测概述

环境监测是对一种或多种环境要素或指标进行间断或连续地观察、测定，分析其变化对环境影响的过程。它是一门注重理论与实践相结合的学科，也是环境保护工作的重要组成部分。

1. 环境监测的目的

环境监测的目的是准确、及时、全面地反映环境质量现状及发展趋势，为环境管理、污染控制、环境规划等提供科学依据。具体可归纳为：

1）根据环境质量标准，评价环境质量。主要是通过提供环境质量现状数据，判断是否符合环境质量标准。也可以通过环境监测评价污染治理的实际效果。

2）根据环境污染物的时空分布特点，追踪、寻找污染源，为实施监督管理、控制污染提供依据。

3）收集环境本底值，积累长期监测资料，为研究环境容量、实施总量控制、目标管理、预测和预报环境质量提供科学数据。

4）保护人类健康，保护环境和合理利用自然资源，并为制定、修订环境法规、环境标准、环境规划提供科学依据和服务。

5）揭示新的环境问题，确定新的污染因素，为环境科学研究提供科学数据。

2. 环境监测的分类

环境监测的分类方法主要有以下几种：

(1) 按监测的目的分类

1) 监视性监测。是指对指定的有关项目进行定期的、长时间的监测，以确定环境质量及污染源状况，评价控制措施的效果，衡量环境标准实施情况和环境保护工作的进展。监视性监测包括对污染源的监督监测（污染物浓度、排放总量、污染趋势等）和环境质量监测（所在地区的空气、水质、噪声、固体废物等）。

2) 研究性监测。是针对特定目的的科学研究而进行的高层次的监测。例如环境本底的监测及研究；有毒有害物质对从业人员的影响研究；为监测工作本身服务的科研工作的监测，如统一方法以及标准分析方法的研究，标准物质的研制等。这类研究往往要求多学科合作进行。

3) 特定项目监测。又称为特定监测或应急监测。它根据特定的目的可分为污染事故监测、仲裁监测、考核验证监测和咨询服务监测。

(2) 按监测对象分类　可分为大气污染监测、水质污染监测、土壤污染监测、固体废物监测、生物污染监测、噪声和震动监测、电磁辐射监测、放射性监测、热监测、光监测、卫生（病原体、病毒、寄生虫等）监测等。

3. 环境监测的特点

环境监测的样品组分复杂、品种繁多，监测所采取的手段也多种多样，因此，环境监测具有以下特点：

(1) 综合性　主要表现在以下两方面：

1) 监测手段的综合性：采用化学、物理、生物、物理化学、生物化学、生物物理等一切可以表征环境质量的方法。

2) 监测对象的综合性：包括空气、水体（江、河、湖、海及地下水）、土壤、固体废物、生物等，只有对这些监测对象进行综合分析，才能确切描述环境质量状况。

(2) 连续性　由于环境污染具有时空性等特点，因此，只有坚持长期测定，才能从大量的数据中揭示其变化规律，预测其变化趋势，数据越多，预测的准确率就越高。因此，监测网络、监测点位的选择一定要有科学性，并且，必须长期坚持监测。

(3) 追踪性　环境监测包括监测目的的确定、监测计划的制定、采样、样品运输和保存、实验室测定到的数据整理等过程，是一个复杂的、有联系的系统，任何一步差错都将影响最终数据的质量。特别是区域性的大型监测，由于参加人员众多、实验室和仪器的不同，必然会产生技术和管理水平上的不同。为使监测结果具有一定的准确性，并使数据具有可比性、代表性和完整性，需有一个量值追踪体系予以监督。

(4) 环境优先污染物及优先监测　影响环境的污染物种类繁多，其中有毒化学物质污染的监测和控制是环境监测的重点。世界上已知的化学品有700余万种，进入环境的已有10万种。然而，由于人力、监测手段、经济条件、仪器设备等限制，人们只能有重点、有针对性地对其中部分污染物进行监测和控制。为此，必须确定一个筛选原则，在众多有毒污染物中筛选出潜在危害性大、在环境中出现频率高的污染物作为监测和控制对象。这一筛选过程就是数学上的优先过程。经过优先选择的污染物称为环境优先污染物，简称优先污染物。对优先污染物进行的监测称为优先监测。

需要优先控制的污染物具有如下特点：难以降解、在环境中有一定残留水平、出现频率较高、毒性较大、具有生物积累性、致癌、致畸、致突变等，以及现代已有检出方法的。美国是最早开展优先监测的国家，早在20世纪70年代中期，就在“清洁水法”中明确规定了129种优先污染物。欧洲经济共同体在1975年提出的“关于水质的排放标准”的技术报告中，按毒性的大小，列出了所谓“黑名单”和“灰名单”。“中国环境优先监测研究”亦已完成，提出了“中国环境优先污染物黑名单”，包括14种化学类别、共68种优先监测污染物。

9.1.2 环境监测程序与方法

1. 环境监测程序

（1）现场调查与资料收集　主要调查收集区域内各种污染源及其排放规律和自然与社会环境特征。自然与社会环境特征包括：地理位置、地形地貌、气象气候、土壤利用情况以及社会经济发展状况。

（2）确定监测项目　监测项目主要根据国家规定的环境质量标准、本地主要污染源及其主要排放物的特点来选择，同时还需要一些气象及水文项目。

（3）监测点布设及采样时间和方法的确定　采样点布设得是否合理，是能否取得有代表性样品的前提，必须予以充分重视。不同介质样品的采集有相应的技术规定，应按规定要求采集能反映真实状况的样品。如对大气污染监测，采样点的位置一般应包括整个监测地区的高含量、中含量和低含量三种不同地方；采样时间应尽可能在出现高、中、低的时间内采集；采样方法根据大气中污染物含量的高低及测定方法灵敏度不同，分别选择直接采样或浓缩采样。

（4）样品的保存　环境样品在存放过程中，由于吸附、沉淀、氧化还原、微生物作用等影响，样品的成分可能发生变化而引起较大的误差。因此，从采样到分析测定的时间间隔应尽可能缩短，如不能及时分析测定样品，应采取适当的方法存放样品。目前较为普遍的保存方法有冷藏冷冻法和加入化学试剂法。

（5）样品的分析测试　根据样品特征及所测组分特点，选择适宜的分析测试方法。目前用于环境监测的分析方法有化学分析和仪器分析两大类。化学分析法包括容量法和质量法，适用于常量组分测定。仪器分析法适用于微量、痕量甚至超痕量组分的分析。

（6）数据处理与结果上报　由于监测误差存在于环境监测的全过程，只有在可靠的采样和分析测试的基础上，运用数理统计的方法处理数据，才可得到符合客观要求的数据。

2. 环境监测方法

环境监测方法大体可分为物理方法、化学方法和生物方法。

（1）化学监测方法　它是目前在对污染物的监测过程中使用较多的方法，尤其是分析化学的方法在环境监测中得到广泛应用。例如容量分析、重量分析、光化学分析、电化学分析和色谱分析等。

（2）物理监测方法　物理监测方法在环境监测中的应用也很广泛，例如遥感技术在大气污染监测、水体污染监测及植物生态调查等方面显示出其优越性，是地面逐点定期测定所无法相比的。

（3）生物监测方法　目前生物监测方法主要包括大气污染物的生物监测和水体污染的生物监测两大类。大气污染物的生物监测方法有：利用指示植物的伤害症状对大气污染作出定性、定量的判断；测定植物体内污染物的含量；观察植物的生理生化反应，如酶系统的变化、发芽率的变化等，对大气污染的长期效应作出判断；测定树木的生长量和年轮，估计大气污染的现状；利用某些敏感植物，如地衣、苔藓等作为大气污染的植物监测器。水体污染的生物监测方法有：利用指示植物监测水体污染状况；利用水生物群落结构变化进行监测，同时可引用生物指数和生物物种的多样性指数等数学手段。

9.1.3　环境监测的发展

环境监测是随着环境保护事业而发生、发展的，大约有50多年的历史。它的发展过程大致分为被动监测、主动监测和自动监测三个阶段。被动监测阶段也叫污染监测阶段，是20世纪50年代开始发展起来的，基本上是哪里发现污染，就到哪里监测，监测的特点是采样零星、局部监测，监测的方法是普通的化学方法。而主动监测阶段也叫目的监测阶段，开始于20世纪70年代。环境监测的手段除了化学的，还有物理的、生物的等等，并逐步采用专用仪器监测。监测的范围也从点污染的监测发展到面污染以及区域性的监测。20世纪80年代初，环境监测技术迅速发展，美、日等发达国家相继建立了自动连续监测系统，并使用了航测、遥感、卫星监测等手段，监测仪器用电子计算机遥控，数据自动传输，电子计算机处理。因此，可以在极短时间内观察到空气、水体污染浓度变化，预测和预报未来环境质量，及时采取保护措施。所以，这个阶段是自动监测阶段，也被称为污染防治监测阶段。

全球环境监测网络（GMES）是于1974年在联合国环境规划署主持下建立的。目前已进行的监测主要有：气候监测；可更新资源监测；海洋监测；环境卫生监测。监测时采用了3S技术，即遥感系统RS、全球定位系统GPS、地理信息系统GIS。我国的环境监测网络是由四级站（中国环境监测总站、省监测中心、地市级监测站、县级监测站）、三级网（国家网、省级网、市级网）及行业监测网构成的较完整的、梯形结构的全国环境监测网络。1992年组建了由27个部门的54个环境监测站组成的“国家环境监测网”，对酸雨、大气、地震、重要水系、海洋环境等污染进行环境监测。

思考与讨论：开展群众性环境监测和全球性环境监测的意义是什么？

9.2　环境质量评价

9.2.1　环境质量评价的概念

1. 环境质量

环境质量是环境科学的一个重要的和基本的概念。目前较为流行的几种说法是：环境素质的优劣；环境的优劣程度；对人群的生存繁衍以及社会发展的适宜程度等。这几种解释大同小异，实质上都是人类对环境本质的认识处于初级阶段的表现。其准确的定义为，环境质量是环境系统客观存在的一种本质属性，并能用定性和定量的方法描述环境系统所处的状态。由于环境始终处于运动和变化之中，表示环境状态的环境质量也是处于运动和变化之中，而引起环境质量变化的原因主要有人类的生活、生产行为以及自然的原因两个方面。

2. 环境质量评价及其分类

(1) 环境质量评价是对环境质量的好坏作出定量的或半定量分析、描绘或鉴定 评价的目的在于揭示特定地区或区域环境质量的水平和差异，阐明影响环境质量的原因和有可能采取的种种措施，并按照环境质量的变化规律，制定环境保护规划和建设规划，加强环境保护的管理。

(2) 环境质量评价的分类 按时间因素可分为环境质量回顾评价、环境质量现状评价和环境质量影响评价三种类型。

1) 环境质量回顾评价，是指根据有关资料对区域过去较长时间环境质量的历史性变化的评价。通过回顾评价可以了解区域环境污染的发展变化过程。

2) 环境质量现状评价，一般是根据近几年的环境监测资料对某地区的环境质量进行评价。通过现状评价，可以阐明环境污染现状，为区域环境污染综合防治、区域规划提供科学依据。

3) 环境质量影响评价，是指对区域今后的开发活动将会给环境质量带来的影响进行评价。这不仅要研究开发项目在开发、建设和生产中对自然环境的影响，也要研究对社会和经济的影响。要求提出环境影响报告书，并制定防止环境破坏的对策，为项目的设计和管理部门提供科学依据。

按研究问题的空间范围可分为单项工程环境质量评价、城市环境质量评价、区域环境质量评价和全球环境质量评价。

按环境要素可分为大气环境质量评价、水环境质量评价、土壤环境质量评价和噪声环境质量评价等。

按评价内容可分为健康影响评价、经济影响评价、生态影响评价、风险评价和美学景观评价等。

在实际工作中，目前环境质量评价的重点是对环境现状的研究、评价和探讨、改善环境质量的方法与途径。

9.2.2 环境质量评价的基本内容

环境质量评价的内容随不同的研究对象和不同的类型而有所区别。其基本内容包括如下几个方面。

1. 污染源的调查和评价

污染源的调查与评价是环境质量评价的最主要和最基本的环节。通过对工业、农业、生活和交通等各类污染源的调查、分析和比较，研究污染源的数量、质量特征，研究污染源的发生和发展规律，找出主要污染物和主要污染源，为污染治理提供科学依据。污染源调查的基本方法是社会调查，包括印发各种调查表，召开各种类型的座谈会，进行调查、访问、采样测试等。调查工作可分普查和详查两种方法。

2. 环境质量的调查和评价

即通过布点、采样、检测分析或资料收集得到环境质量的信息，再经过一定的评价方法得到该区域环境质量的定性和定量的结论。这一步是环境质量评价的重点。

3. 环境效应分析

主要包括三方面内容：首先是环境污染引起的生态效应，如生物的生态变异、生理功能异常、减产、生态平衡破坏等；其次是环境污染对人体健康的影响，如儿童发育状况、健康状况，成人发病率、死亡率，肿瘤的发病率、死亡率及其他环境各要素、各污染因子的关系；第三是经济损益分析，即计算一下环境污染所造成的经济损失。通过经济损益分析有助于人们对保护环境的经济价值的认识，从而引起有关部门和领导的重视。

9.2.3 环境质量评价的程序和方法

环境质量评价的程序首先是确定评价区域的范围、对象及评价目的，并根据评价目的确定评价精度，然后进行具体操作。环境质量评价基本上包括三方面，即对区域中污染源、环境污染现状和生态环境效应的调查、监测和评价。

一般工作程序是：调查→监测→评价→规划。

环境质量评价实际上是对环境质量优劣的评定过程。这个过程包含许多层次，评价方法也有很多，如专家评价法、指数评价法、模糊数学评价法、经济分析法等。

9.2.4 环境规划与环境教育

1. 环境规划

(1) 环境规划的含义　环境规划是国民经济和社会发展的有机组成部分，是环境决策在时间、空间上的具体安排，是规划管理者对一定时期内环境保护目标和措施所作出的具体规定，是一种带有指令性的环境保护方案，是环境管理的重要内容和主要手段。其目的是在发展经济的同时保护环境，使经济与社会协调发展。

(2) 环境规划的作用　环境规划在社会经济发展和环境保护中的作用概括起来有如下几点：

1) 环境规划是实施环境保护战略的重要手段。

2) 环境规划是协调社会经济发展与环境保护的重要手段。

3) 环境规划是实施有效管理的基本依据。

4) 环境规划是改善环境质量、防止生态破坏的重要措施。

(3) 环境规划的类型　环境规划的类型有以下不同的分类方法。

1) 按照环境组成要素划分，可分为大气污染防治规划、水质污染防治规划、土地利用规划和噪声污染防治规划等。

2) 按照区域特征划分，可分为城市环境规划、区域环境规划和流域环境规划。

3) 按照范围和层次划分，可分为国家环境规划、区域环境规划和部门环境规划。

4) 按照规划期限划分，可分为长期规划（大于20年）、中期规划（15年）和短期规划（5年）。

5) 按照环境规划的对象和目标的不同，可分为综合性环境规划和单要素的环境规划。

6) 按照性质划分，可分为生态规划、污染综合防治规划和自然保护规划。

(4) 环境规划的程序　一般来说，编制环境规划主要是为了解决一定区域范围内的环境问题和保护该区域内的环境质量。无论哪一类环境规划，都是按照一定的规划编制程序进行的。环境规划编制的基本程序主要包括如下内容：

1) 编制环境规划的工作计划。

2) 环境现状调查和评价。环境调查基本内容包括环境特征调查、生态调查、污染源调查、环境质量的调查、环保治理措施效果的调查以及环境管理现状的调查等。环境质量评价主要包括污染源评价、环境污染现状评价、环境自净能力的确定等。

3）环境预测分析。主要内容包括污染源预测、环境污染预测、生态环境预测、环境资源破坏和环境污染造成的经济损失预测。

4）确定环境规划目标。一般环境规划目标分为总目标、单项目标、环境指标三个层次。

5）进行环境规划方案的设计。主要内容有拟定环境规划草案、优选环境规划草案、形成环境规划方案。

6）环境规划方案的申报与审批。

7）环境规划方案的实施。

（5）我国“十五”规划环境目标　我国的“十五”规划中，把改善生态、保护环境作为经济发展和提高人民生活质量的重要内容。提出了加强生态建设，遏制生态恶化，加大环境保护和治理力度，提高城乡环境质量的总目标，并强调“加强防御各种灾害的安全网建设，建立灾害预报预防、灾情监测和紧急救援体系，提高防灾减灾能力。加强气象、地震、测绘等工作，提高服务能力和水平。积极参与全球环境与发展事务，履行义务，实行有利于减缓全球气候变化的政策措施”。

2. 环境教育

环境教育是对人的一种素质教育。它不仅是环境保护事业的重要组成部分，而且是教育事业的一个重要组成部分。环境教育可以分为四个部分：环境保护专业教育（即高、中等院校培养环境类专业人才）、社会教育（即对广大群众的普及教育）、环境保护基础教育（即中小学、幼儿园环境教育和高、中等院校非环境类专业的环境教育）及在职教育（即在职环保人员的教育）。

（1）环境保护事业人才的培养　环境保护事业人才的培养，包括环境保护专业教育和在职教育。经过30余年的努力，在全国范围内已经形成初具规模、学科配套的环境科研系统，各级各类科研机构已拥有数万名高、中级环境保护科技人才。环保科研工作由工业“三废”治理技术，扩展到自然和农业生态工程技术。在基础研究方面，开展了环境背景值、环境容量、环境影响评价等方面的研究，建立了一些新方法、新概念。在管理研究方面，重点开展了预测、规划、标准和管理制度等方面的研究。2000年，我国环境系统的人员已达25500人，急需补充的人才主要是环境工程、环境监测和环境规划与管理方面的人才。

（2）全民环境意识教育　保护环境、热爱环境、改善环境、建设环境，提高全民族的环境意识，是我国社会主义现代化建设的奋斗目标之一。缺乏环境意识，就不可能揭示和实现人与环境之间对立统一的关系。我国从1973年以来，为了提高全民族的环境意识，从中央到地方，从城市到农村，从政府机关到学校和学术团体，从工厂到事业单位，都采取了形式多样的环境教育，取得了良好的社会效果。通过幼儿园、中小学的环境教育，增强了年轻一代的环境意识。同时在中等专业技术学校和高等学校，非环境专业的学生也开设了相应的环境课程，特别是与环境保护密切相关的专业，如能源、化工等专业，环境保护已成为大学生的必修课。在很多学校，环境科学基础知识的介绍已成为全校性的公共课程，并列入教学大纲和教学计划。总之，环境教育是保护环境、维护生态平衡、实现可持续发展的根本性措施之一。加强环境教育既是环境保护工作者的一项基本职责，同时也是教育工作者的一项基本任务。

思考与讨论：

1. 简述环境规划的含义与编制的基本程序。
2. 试讨论分析环境教育的意义。

9.3 环境影响评价

9.3.1 环境影响评价概述

环境影响评价是一种预断型的评价，它是对一个建设项目区域开发利用及国家政策实施后可能对环境带来的影响所作的预测性研究。其中包括对自然环境的影响（生物地球物理影响和生物地球化学影响）和对社会环境的影响的全面评价。

1969年，美国首先提出环境影响评价的概念，并在《国家环境政策法》中定为制度。随后，日本、加拿大、英国、瑞典、澳大利亚、法国等也陆续推行。我国1979年颁布的《中华人民共和国环境保护法（试行）》规定，在进行新建、改建和扩建工程时，必须提出对环境影响的报告书。这种制度要求根据区域环境特征，即根据气象、地理、水文、生态等条件，对工业区、居民区、公用设施、绿化地带作出环境影响评价，以便为全面规划、合理布局、防治污染和其他公害提供科学依据。这种制度被称为“环境影响评价制度”。

环境影响评价是一项实用技术，也是正确认识经济发展、社会发展和环境发展之间相互关系的科学方法，是正确处理经济发展使之符合国家总体利益和长远利益、强化环境管理的有效手段。它在确定经济发展方向和保护环境等一系列重大决策中所起的重要作用主要是保证建设项目选址和布局的合理性；指导环境保护措施的设计，强化环境管理；为区域的社会经济发展提供导向；促进相关环境科学技术的发展。

环境影响评价工作的对象十分广泛，主要针对一些大型工业建设项目（石油、化工、钢铁、冶金、矿山等）、高速公路、机场、大型水利工程、港口建设、森林开发、居民区、经济开发区等。几乎各种较大规模的建设活动都要作为环境影响评价的对象，各个国家根据本国的需要又有更具体的规定，例如，我国规定新建、改建和扩建工程，老城市改造和新城市建设均需进行环境影响评价。

9.3.2 环境影响评价的程序

凡新建或扩建工程，首先由建设单位向环保部门提出申请，经审查确定是否应该进行环境影响评价，如需要评价，则由建设单位委托有关单位承担，该受托单位必须是由国家环保总局确认的具有从事环境影响评价证书的单位。我国环境保护总局颁发的证书分甲级和乙级两等，建设单位应根据具体情况选择不同级别的单位。

一旦建设项目确定需要进行环境影响评价工作，一般应包括以下步骤：

1）对拟建工程的剖析，即对拟建工程的工艺流程、所用原料及产品情况、能源燃料的利用情况，以及排污情况（排放部位、类型、成分、数量）进行详细的分析，为工程的影响评价提供依据。

2）对工程所在区域的环境进行调查分析，掌握当地的地理、地貌、水文、气象、土壤、植被、动植物资源等自然环境的情况；了解自然环境的敏感程度；调查所在区域的污染情况及背景情况；还要对区域的社会环境（人口结构、土地利用方式、工业布局、文教科技、古迹文物、风景及自然保护区等）进行研究，为判断工程建设在该区域的影响提供依据。

3）对工程环境影响的预测。影响预测一般采用模拟实验法、数学模式法、调查统计法、类比法等。影响预测既包括对自然环境要素的影响，也包括对社会环境各要素的影响。

4）对工程可能对环境造成的不良影响提出相应的防治对策，进行技术经济论证。对防治对策要作环保效果经济益损分析，以达到对策的最优化决策。

9.3.3 环境影响评价的分类

（1）区域环境影响评价　区域环境影响评价就是在一定区域内以可持续发展的观点，从整体上综合考虑区域内拟开展的各种社会经济活动对环境产生的影响，并据此制定和选择维护区域良性循环、经济可持续发展的最佳行动规划或方案，同时也为区域开发规划和管理提供决策依据。区域开发活动的环境影响评价涉及的因素多，层次复杂，相对于单项开发活动环境影响评价而言，具有广泛性和复杂性，战略性，不确定性，评价时间的超前性，评价方法多样化，更强调社会、生态环境影响评价等特点。

区域环境影响评价内容主要包括：区域开发活动环境影响预测与评价，开发区的选址合理性分析，开发区的总体布局合理性分析，开发区规模与区域环境承载力分析，区域开发土地利用与生态适宜度分析，拟定开发区环境管理体系规划。

（2）生态与社会经济环境影响评价　生态环境影响评价是通过定量揭示和预测人类活动对生态环境以及对人类健康和经济发展的影响，确定一个地区的生态负荷或环境容量；或通过许多生物和生态的概念和方法，预测和估计人类活动对自然生态系统的结构和功能所造成的影响。

在我国，生态环境影响评价的程序可大致分为生态环境影响识别、现状调查与评价、影响预测与评价、减缓措施和替代方案等四个步骤。生态环境影响评价的研究内容主要有：生态环境影响评价的级别和范围，生态环境影响识别，生态环境现状调查，生态现状评价，生态影响预测，生态影响的减缓措施和替代方案。

社会经济环境影响评价是为了避免人类活动对社会经济环境的不良影响，或者改善社会经济环境质量，在待建项目或计划、政策实施之前，通过深入全面的调查研究，对被影响区域社会经济环境可能受到的影响内容、作用机制、过程、趋势等进行系统地综合模拟、预测和评估，并据此提出评价意见和预防、补偿与改进措施，从而为科学决策和管理提供切实依据的一整套理论、方法、手段，统称为社会经济环境影响评价。社会经济环境影响评价作为一项综合的环境评价的重要组成部分，由于其重要的理论和现实意义，正日益引起重视，受到越来越多的关注。

社会经济环境影响评价的目的就是通过分析开发建设对社会经济环境可能带来的各种影响，提出防止或减少在获取效益时可能出现的各种不利社会经济环境影响的途径或补偿措施，进行社会效益、经济效益和环境效益的综合分析，使开发建设的可行性论证更加充分可靠，设计和实施更加完善。社会经济环境影响评价内容主要包括社会经济环境影响及主要环境问题，社会经济效果，美学及历史学环境影响分析等。

(3) 累积影响评价　累积影响评价（CIA）是指系统地分析和评估累积影响的过程，为确定、预测和评估累积影响提供一定的基础。然而，要评价累积影响就必须采用有效的分析途径和方法。目前的分析途径主要有两种，第一种途径主要是将累积影响评价作为一种为决策者提供信息的预测分析手段，即认为累积影响评价是环境影响评价的一种扩展形式；第二种途径则是将累积影响评价视为规划时应考虑的一种形式，使其成为选择最优规划方案的一种手段。

(4) 环境风险评价　环境风险是指可能对环境构成危害后果的概率事件。这种事件的发生具有不确定性,其后果往往是严重的。环境风险评价,广义上讲,是指人类的各种开发行动所引发的或面临的危害(包括自然灾害)对人体健康、社会经济发展、生态系统等所造成的风险,以及可能带来的损失,并据此进行管理和决策的过程。狭义地讲,常指对有毒化学物质危害人体健康的影响程度进行概率估计,并提出减小环境风险的方案和对策。

9.3.4 环境影响评价方法

所谓环境影响评价方法，就是对于调查收集的大量资料、数据、信息、情况等所做的研究、管理、鉴别的过程，以实现量化或形象直观地描述评价结果为目的所采用的办法。主要方法包括：

(1) 列表清单法　此法多用于影响评价准备阶段，以筛选和确定必须考虑的影响因素。具体办法是将拟建工程项目或开发活动与可能受其影响的环境因子分别列于同一张表格的列与行中，然后用不同符号或数字表示对各环境因子的影响情况，其中包括有利与不利影响，从而直观地反映项目对环境的影响。此法也可用作几种方案的对比。这种方法虽使用方便，但不能对环境影响评价程序作出定量评价。

(2) 矩阵法　矩阵法是将开发项目各方案与受影响的环境要素特性或事件，集中于一个非常容易观察和理解的形式矩阵之中，使其建立起直接的因果关系，以说明哪些行为可以影响到哪些环境特性，以及影响程度的大小。矩阵法有相关矩阵法、迭代矩阵法和表格矩阵法等。

(3) 网络法　网络法是以树枝形状表示出建设项目或开发活动所产生的源发性影响和诱发影响的全貌。用这种方法可以识别出方案行为可能会通过什么途径对环境造成影响及其相互之间的主次关系。

(4) 图形叠置法　这种方法是将若干张透明的标有环境特征的图重叠在同一张底图上，构成一份复合图，用以表示出被影响的环境特性及影响范围的大小。该方法首先做底图，在图上标出开发项目的位置及可能受到影响的区域，然后对每一种环境特性做评价，每评价一种特性就要进行一次覆盖透视，影响程度用黑白相间的颜色符号做成不同的明暗强度来表示。将各不同代号的透明图重叠在底图上就可以得到工程的总影响图。

(5) 质量指标法（综合指数法）　质量指标法是环境质量评价中介绍的综合指数法的扩展形式。它的特点是采用函数曲线作图的方法，把环境参数转换为某种环境质量等级值，然后将等级值与权重值相乘得到环境影响值，根据环境影响值即可对各种行为的影响进行评价。

（6）模拟模型法　模拟模型法是环境影响预测法，其目的是在识别可能是重大环境影响之后，用来预测环境的变化量、空间的变化范围、时间的变化阶段等因素，在物理、化学、生物、社会、经济领域中对这些因素的复杂关系定量或定性地探索描述，就叫模拟模型。在环境影响评价中已提出的模拟模型有污染分析模型；生态系统模型；环境影响综合评价模型；动态系统模型等。

9.3.5　环境影响报告书

环境影响报告书是评价工作的最终结果，其主要内容如下：

1）总论。

2）建设项目概况（名称、地点、性质、占地面积、土地利用情况及发展规划、产品方案及主要生产方法）。

3）周围地区环境状况（地理位置、所在区域整体环境状况以及社会环境状况）。

4）建设项目对周围环境的影响（工程分析、影响预测）。

5）对周围环境的影响评价（影响特征、影响性质，是长期还是短期，影响范围大小和程度、途径等）。

6）减轻环境影响的措施及投资估算。

7）结论与建议。

9.3.6　公众参与在环境影响评价中的作用

公众参与可定义为一种连续的、双向的交流过程，包括提高公众对环境保护机构如何调查、解决环境问题的过程和机制的认识；使公众对拟议的工程、区域开发和公共政策有充分的了解；同时，环境保护机构积极听取有关的公众对资源的利用和开发、环境管理战略方案，以及各种决策的任何意见、建议和要求。

公众参与在环境影响评价全过程中的作用十分明显，以我国现行环境评价的重点——建设项目的环境评价为例，公众参与能给项目和项目所在地区带来好处，对这一点项目拟议方应该有充分的认识。公众对项目的各种意见和看法会体现在公众参与的结论中，因此公众参与能使规划设计更完善和合理，从而有利于最大限度地发挥该项目的综合效益和长远效益。

公众参与的作用具体体现在：

1）让公众了解项目。

2）确定项目可能引起的所有重大环境问题，并在环境影响评价中得到辨析。

3）确定不能用货币形式表达的环境资源价值。

4）确认环保措施的可行性。

5）公众对项目的各种看法和意见能为正确决策提供帮助。

本 章 小 结

一、环境监测

1. 环境监测概述　环境监测是对一种或多种环境要素或指标进行间断或连续地观察、

测定，分析其变化对环境影响的过程。

2. 环境监测程序与方法

程序：选址采样→样品运送储存→样品分析→数据处理与结论。

方法：化学监测法；物理监测法；生物监测法。

3. 环境监测的发展　发展过程大致分为被动监测、主动监测和自动监测三个阶段。

二、环境质量评价

1. 环境质量评价的概念　环境质量评价是对环境质量的好坏作出定量的或半定量分析、描绘或鉴定。

2. 环境质量评价的内容　通过布点、采样、检测分析或资料收集得到环境质量的信息，再经过一定的评价方法得到该区域环境质量的定性和定量的结论。

3. 环境质量评价的程序和方法

一般工作程序是：调查、监测、评价、规划。

评价方法也有很多，如专家评价法、指数评价法、模糊数学评价法、经济分析法等。

4. 环境规划与环境教育

环境规划是国民经济和社会发展的有机组成部分，是环境决策在时间、空间上的具体安排。环境教育是对人的一种素质教育。它不仅是环境保护事业的重要组成部分，而且是教育事业的一个重要组成部分。

三、环境影响评价

1. 环境影响评价概述　环境影响评价是一种预断型的评价，它是对一个建设项目区域开发利用及国家政策实施后可能对环境带来的影响所作的预测性研究。

2. 环境影响评价的程序　准备阶段；工作阶段；报告阶段。

3. 环境影响评价的分类　区域环境影响评价；生态、经济环境影响评价；累计影响评价；环境风险评价。

4. 环境影响评价方法　列表清单法、矩阵法、图形叠置法、网络法、质量指标法、模拟模型法等。

5. 环境影响报告书　是环境影响评价结果的全面总结。

6. 公众参与在环境影响评价中的作用　在环境影响评价中起到信息的传播与反馈作用。

思考与实践

1. 环境监测的特点、目的及其作用是什么？

2. 环境监测的基本程序是什么？

3. 如何理解环境质量的概念？

4. 什么是环境质量评价？按时间因素可分为哪几种？

5. 污染源调查的目的是什么？

6. 什么是环境影响评价？目前主要分哪几种类型？

7. 查阅我国“十一·五”规划的环境目标？

8. 教学实践活动——绿色学校的环境监测、管理与评价目的：

通过调查和实践的过程，了解学校环境管理的现状并作出评价，了解为建成绿色学校还需要改善的方面，可以和学校有关部门共同制定改进学校环境管理的措施和实施时间表，鼓励学生参与学校环境改善和管理。

活动设计：

(1) 参与者分为若干个小组，分别负责调查学校园艺管理、清洁用品使用、能源使用、一次性用品和环保再生纸使用、固体废物的处理、经济核算和法律支援。

(2) 对调查结果作出评价和改进报告，和学院有关部门协商制定管理办法并参与实施。

参考书与相关网站

1.《环境监测管理学》ISBN：7-80163-781-X

2.《环境监测》ISBN：7-5019-3917-9

3.《现代环境监测技术》ISBN：7-80209-124-1

4. 国家环境保护总局 http：//www.zhb.gov.cn

5. 中国环境监测网 http：//www.cnemc.cn

第 10 章　可持续发展战略

内容提要： 可持续发展关系到人类的生存与毁灭，关系到地球生命的未来，并已被越来越多的人所接受。本章讲述了可持续发展理论的产生和内涵；介绍了可持续发展的纲领性文件《21 世纪议程》和约翰内斯堡峰会《执行计划》；并讲述了我国可持续发展取得的成绩、目标和措施。

学习要点： 深刻理解可持续发展理论，掌握可持续发展理论的实质，牢固树立可持续发展的观念；了解《21 世纪议程》和约翰内斯堡会议《执行计划》的内容；熟悉我国可持续发展的战略措施，知道如何参与可持续发展行动。

可持续发展就是要解决贫困人口问题、人类健康问题、资源浪费问题、生态破坏问题、物种多样性问题、气候异常问题、淡水不足问题等等，实现人口、资源、环境协调发展。

10.1　可持续发展理论

10.1.1　可持续发展理论的产生

1. 可持续发展理论的产生背景

现代可持续发展的思想的提出，源于人们对环境问题的逐步认识和热切关注。其产生背景是人类赖以生存和发展的环境和资源遭到越来越严重的破坏，人类已不同程度地尝到了环境破坏的苦果。以往人们对经济增长津津乐道，20 世纪六七十年代以后，随着“公害”的显现和加剧以及能源危机的冲击，几乎在全球范围内开始了关于“增长的极限”的讨论。

1972 年，以 D.L. 米都斯为首的美国、德国、挪威等一批西方科学家组成的罗马俱乐部提出了关于世界趋势的研究报告《增长的极限》，他们认为：如果目前的人口和资本的快速增长模式继续下去，世界就会面临一场“灾难性的崩溃”。而避免这种前景的最好方法是限制增长，即“零增长”。该报告在全世界引起极大的反响，人们就此进行了广泛的争论。

此外，1980 年美国发表的《公元 2000 年的地球》等报告也支持《增长的极限》的观点。《增长的极限》曾一度成为当时环境保护运动的理论基础。

由于《增长的极限》一书用词激烈，过分夸大了人口爆炸、粮食和能源短缺、环境污染等问题的严重性，它提出的解决问题的“零增长”方案在现实世界中也难以推行，所以反对和批评的意见很多。从急需摆脱贫困的发展中国家到仍想增加财富的发达国家都有许多人不同意这个方案。但是该报告指出的地球潜伏着危机和发展面临着困境的警告，无疑给人类开出了一副清醒剂。

2. 可持续发展理论的形成

伴随着人们对公平（代际公平及代内公平）作为社会发展目标的认识的加深以及范围更广的、影响更深的、解决更难的一些全球性环境问题（臭氧层破坏、全球变暖和生物多样性消失等）开始被认识，可持续发展的思想在20世纪80年代逐步形成。

1980年3月5日，联合国向全世界发出呼吁："必须研究自然的、社会的、生态的、经济的以及利用自然资源过程中的基本关系，确保全球持续发展。"1983年11月，联合国成立了世界环境与发展委员会（WECD），挪威首相布伦特兰夫人（G.H.Brundland）任主席。成员有在科学、教育、经济、社会及政治方面的22位代表，其中14人来自发展中国家，包括中国的马世骏教授。联合国要求该组织以"持续发展"为基本纲领，制定"全球的变革日程"。1987年，该委员会把长达四年研究、经过充分论证的报告《我们共同的未来》（Our Common Future）提交给联合国大会，正式提出了可持续发展的模式。该报告对当前人类在经济发展和保护环境方面存在的问题进行了全面和系统的评价，一针见血地指出，过去我们关心的是发展对环境带来的影响，而现在我们则迫切地感到生态的压力，如土壤、水、大气、森林的退化对发展所带来的影响。在不久以前我们感到国家之间在经济方面相互联系的重要性，而现在我们则感到在国家之间的生态学方面的相互依赖的情景，生态与经济从来没有像现在这样互相紧密地联系在一个互为因果的网络之中。

从1981年美国世界观察研究所所长布朗的《建设一个可持续发展的社会》（Building a Sustainable Society）一书问世，到1987年《我们共同的未来》的发表，表明了世界各国对可持续理论研究的不断深入，而1992年联合国环境与发展大会（UNCED）通过的《21世纪议程》，更是高度凝聚了当代人对可持续发展理论认识深化的结晶。

"可持续发展"这一词语一经提出即在世界范围内逐步得到认同并成为大众媒介使用频率最高的词汇之一，这反映了人类对自身以前走过的发展道路的怀疑和抛弃，也反映了人类对今后选择的发展道路和发展目标的憧憬和向往。人们逐步认识到过去的发展道路是不可持续的，或至少是持续不够的，因而是不可取的。唯一可供选择的道路是走可持续发展之路。

10.1.2 可持续发展理论的内涵和实质

"可持续发展"（Sustainable Development）具有确切的内涵和完善的结构。这一思想包含了当代和后代的需求、国家主权、国际公平、自然资源、生态承载力、环境与发展相结合等重要内容。可持续发展首先是从环境保护的角度来倡导保持人类社会的进步与发展的，它号召人们在增加生产的同时，必须注意生态环境的保护与改善。它明确提出要变革人类沿袭已久的生产方式和生活方式，并调整现行的国际经济关系。这种调整与变革要按照可持续性的要求进行设计和运行，这几乎涉及经济发展和社会生活的所有方面。

总的来说，可持续发展包含两大方面的内容：一是对传统发展方式的反思和否定，二是对规范的可持续发展模式的理性设计。就理性设计而言，可持续发展具体表现在工业应当是高产低耗，能源应当被清洁利用，粮食需要保障长期供给，人口与资源应当保持相对平衡等许多方面。

(1) 可持续发展的基本内涵

1) 可持续发展不否定经济增长，尤其是贫穷国家的经济增长，但需要重新审视如何推动和实现经济增长。要达到具有可持续意义的经济增长，必须将生产方式从粗放型转变为集约型，减少单位经济活动造成的环境压力，研究并解决经济上的扭曲和误区。

2) 可持续发展要求以自然资源为基础，同环境承载力相协调。可持续性，可以通过适当的经济手段、技术措施和政府干预得以实现。要力求降低自然资产的耗竭速率，使之低于资源的再生速率或替代品的开发速率。

3) 可持续发展以提高生活质量为目标，同社会进步相适应。

4) 可持续发展承认并要求社会体现出自然资源的价值。这种价值不仅体现在对经济系统的支撑的服务价值上，也体现在对生命支撑系统的存在价值。

5) 可持续发展的实施以适宜的政策和法律体系为条件，强调"综合决策"和"公众参与"。需要改变过去各个部门封闭地、单打一地分别制定和实施经济、社会、环境政策的做法，提倡根据科学的原则、全面的信息来制定政策并予以实施。可持续发展的原则要纳入经济、人口、环境、资源、社会等各项立法及重大决策之中。

(2) 从思想实质看，可持续发展有三个方面的含义

1) 人与自然界的共同进化思想。

2) 当代与后代兼顾的伦理思想。

3) 效率与公平目标兼容的思想。

换言之，这种发展不能只求眼前利益而损害长期发展的基础，必须将近期效益与长期效益兼顾，绝不能"吃祖宗饭，断子孙路"。

(3) 可持续发展的三个概念

1) 需要：发展目标是满足人类需要。

2) 限制：社会组织、技术状况对环境能力施加限制（限制因素为人口、环境、资源即生命支持系统环境），从而提高人们生活水平。

3) 平等：当代世界、不同地区、不同人群之间的平等。

可持续发展战略的核心是经济发展与保护资源、保护生态环境的协调一致，是为了让子孙后代能够享有充分的资源和良好的自然环境。

思考与讨论：怎样理解发展与限制的关系？怎样理解发展中的平等问题？

10.2 可持续发展的实施

为了实现人类的可持续发展，整个国际社会在1992年里约地球问题首脑会议上通过了《21世纪议程》，这是一个前所未有的全球可持续发展计划。国际社会也商定了《关于环境与发展的里约宣言》，它是一套界定国家权利和义务的原则，并议定了一项《森林原则声明》，用来指导如何以更加可持续的方式管理全世界的森林。

《21世纪议程》是将环境、经济和社会关注事项纳入一个单一政策框架的具有划时代意义的成就。《21世纪议程》载有2500余项各种各样的行动建议，包括如何减少浪费和消费形态、扶贫、保护大气、海洋和生活多样化，以及促进可持续农业的详细提议。后来联合国关于

人口、社会发展、妇女、城市和粮食安全的各次重要会议又对其予以扩充并加强。

在2000年联合国千年首脑会议上,大约150名世界领导人商定了一系列有时限的指标,包括把全世界收入少于一天一美元的人数减半,以及把无法取得安全饮水的人数比率减半。

2002年在约翰内斯堡首脑会议上通过了《关于可持续发展的约翰内斯堡宣言》和《约翰内斯堡执行计划》,明确了更好地执行《21世纪议程》的具体步骤和量化指标。

10.2.1 《21世纪议程》

《21世纪议程》是1992年6月3日—14日在巴西里约热内卢召开的联合国环境与发展大会通过的重要文件之一。该文件着重阐明了人类在环境保护与可持续之间应做出的选择和行动方案，提供了21世纪的行动蓝图，涉及与地球持续发展有关的所有领域。

议程分为四部分，共40章。

第一部分社会和经济方面。主要内容为持续发展的国际合作和国内政策，消除贫困，改变消费模式，人口与可持续能力，健康，人类住区等。

第二部分促进发展的资源保护。主要内容为大气,水资源,废物最少量化和再生利用。

第三部分加强主要团体的作用。主要内容为社团的参与支持,妇女、儿童、青年与可持续发展,非政府组织的作用,商业、工业的作用,科学技术界的作用以及农民的作用等。

第四部分实施手段。主要内容为资金来源和机制，科学促进可持续发展，教育、提高环境意识，发展中国家能力建设和国际合作，法制、决策用的信息等。

《21世纪议程》是“世界范围内可持续发展行动计划”，它应是从目前至21世纪在全球范围内各国政府、联合国组织、发展机构、非政府组织和独立团体在人类活动对环境产生影响的各个方面的综合的行动蓝图。

《21世纪议程》是一份关于政府、政府间组织和非政府组织所应采取行动的广泛计划，旨在实现朝着可持续发展的转变。《21世纪议程》为采取措施保障我们共同的未来提供了一个全球性框架。这项行动计划的前提是所有国家都要分担责任，但承认各国的责任和首要问题各不相同，特别是在发达国家和发展中国家之间。该计划承认，没有发展，就不能保护人类的生息地，从而也就不可能期待在新的国际合作的气候下对于发展和环境总是同步进行处理。《21世纪议程》的一个关键目标，是逐步减轻和最终消除贫困，同样还要就保护主义和市场准入、商品价格、债务和资金流向问题采取行动，以取消阻碍第三世界进步的国际性障碍。为了符合地球的承载能力，特别是工业化国家，必须改变消费方式；而发展中国家必须降低过高的人口增长率。为了采取可持续的消费方式，各国要避免在本国和国外以不可持续的水平开发资源。文件提出以负责任的态度和公正的方式利用大气层和公海等全球公有财产。

《21世纪议程》虽然不具有法律约束力，却为各国制定环保和发展战略、保护环境、增强国力、加快经济增长提供了权威性的原则指导和依据，对各国此后的环境政策与立法都产生重要影响，对国际环境法的发展也产生积极作用。

10.2.2 约翰内斯堡会议执行计划

为纪念人类环境会议30周年、里约环境发展大会10周年，进一步推动里约会议所倡导的全球伙伴关系和可持续发展战略的实施，联合国于 2002 年 8 月 26 日—9 月 4 日在南非约翰内斯堡举行了可持续发展世界首脑会议。有 190 多个政府，5000 多个非政府组织，2000 多个媒体组织与会。

可持续发展首脑会议产生了两项最终成果：《执行计划》和《政治宣言》。《执行计划》的通过是这次大会取得的主要成果。《执行计划》首先重申对世界可持续发展具有奠基石作用的里约峰会的原则和进一步全面贯彻实施《21 世纪议程》。认为《执行计划》是里约峰会原则的继续，强调全方位采取具体行动和措施，包括执行“共同而有区别的责任”的原则在内，实现世界的可持续发展。《执行计划》指出，消除贫困是当今世界面临的最大挑战，也是可持续发展的必然要求。提出到 2015 年前，将目前全球日收入低于 1 美元、面临饥荒和不能得到安全饮用水的贫困人口数量减少 1/2；到 2020 年前，显著提高目前全世界 1 亿多城市贫民的生活水平，努力实现“城市无贫民窟”的奋斗目标。《执行计划》强调在该计划具体实施的过程中，贯彻执行“共同而有区别的责任”原则的极端重要性，敦促发达国家兑现 10 年前提出的将国民生产总值的 0.7%用于援助发展中国家的可持续发展的庄严承诺，为实现世界可持续发展迈出实际步骤。会议发表的《政治宣言》由 69 条组成。强调世界各国领导人对促进和加强环境保护、社会和经济发展肩负的集体责任和做出的政治承诺；重申里约峰会的原则和全面执行《21 世纪议程》的重要性；欢迎约翰内斯堡首脑会议承诺对人类基本需求的重视，认识到技术、教育、培训和创造就业的重要性；同意保护和恢复地球的生态一体化系统，强调保护生物多样化和地球上所有生命的自然延续。宣言最后呼吁联合国监督这次峰会所取得的成果的贯彻执行，承诺团结一切力量拯救地球、促进人类发展和赢得全人类的繁荣与和平，并向全世界人民宣告：相信人类可持续发展的共同愿望定能实现。

《执行计划》包括 7 个具体目标，明确了执行手段和可持续发展的体制框架。主要的有五个方面：

(1) 消除贫穷　消除贫穷，这是可持续发展，尤其是发展中国家的可持续发展，必不可少的条件。

1）必须提供清洁饮水和适当卫生以保护人类健康和环境。在这方面，议定按照《千年宣言》所述在 2015 年底之前将得不到或负担不起安全饮用水的人口比例减半，并将得不到基本环境卫生服务的人数减半。

2）采取联合行动，并更好地在各级协力为可持续发展充分增进人们获得可靠廉价能源服务的机会，以实现千年发展目标，包括在 2015 年之前使贫穷人口减少一半的目标，并作为一种手段来提供其他重要的减贫服务，铭记能源的提供有利于消除贫穷。

3）加强工业发展对消除贫穷和可持续自然资源管理的贡献。

4）按照“无贫民窟城市”倡议，在 2020 年之前实现生活在贫民窟的至少 1 亿居民，生活有重大改善。

5）立即采取有效措施来消除如劳工组织第 182 号公约所界定的最有害的童工形式，并制定和执行战略来消除违反公认国际标准的童工。

6）促进国际合作，应要求协助发展中国家解决童工问题及其根本原因，包括旨在缓解贫穷状况的社会和经济政策，同时强调劳工标准不应用于保护主义贸易的目的。

(2) 改变不可持续的消费形态和生产形态

1）根本改变社会的生产和消费方式是实现全球可持续发展所必不可少的。

2）鼓励和促进拟定一项10年方案框架，支持区域和国家倡议，加速转向可持续消费和生产，在生态系统的承受能力范围内促进社会和经济发展，方法是提高资源利用和生产工艺的效率和可持续性，减少资源退化、污染和浪费，处理经济增长与环境退化的问题，并酌情使它们脱钩。

3）在所有国家通过奖励、资助等办法以及建立适当管制、财政和法律框架的政策，增加在清洁生产和生态效率方面的投资。

4）将生产和消费形态问题纳入可持续发展政策、方案和战略，并酌情纳入减贫战略。

5）加强公司、环境和社会的责任制和问责制。

6）鼓励各级有关当局在国家和地方发展规划、基础设施投资、企业发展、公共采购等决策中考虑到可持续发展问题。

7）要求各国政府、各区域组织和国际组织以及其他利益有关者考虑到国家和区域特点和具体情况，并考虑到各国因在造成全球环境退化方面作用不同而负有共同但有区别的责任，执行可持续发展委员会第九届会议通过的关于可持续发展的能源利用的建议和结论。

8）促进国家、区域和地方各级有关运输服务和运输系统的决策采用统筹办法，以促进可持续发展，包括关于土地利用、基本设施、公共运输系统和货物运送网的政策和规划，以期提供安全、负担得起的、有效率的运输，提高能源效率，减少污染，减少拥挤，减少对健康的有害影响，限制城市的无计划扩展，同时顾及国家优先事项和情况。

9）防止和尽量减少浪费，尽量再利用、回收利用和使用无害环境的替代物品，使各国政府和所有利益有关者参加，以尽量减少对环境的有害影响，提高资源的效率，并向发展中国家提供财务、技术和其他援助。

10）再次做出《21世纪议程》所做的承诺，在化学品出厂到最后消费的过程中对其及对有害废物进行健全的管理，以促进可持续发展，保护人类健康和环境，并力求确保在2020年，利用具有透明度的科学风险评估和科学风险管理程序，尽可能减少化学品的使用和生产对人类健康和环境产生严重的有害影响，同时铭记《关于环境与发展的里约宣言》原则15规定的预防方法，通过提供技术和财政援助，支持发展中国家加强健全管理化学品和有害废物的能力。

(3) 保护和管理经济和社会发展的自然资源　人类活动对生态系统品质影响日益增加，生态系统为人类生活和经济活动提供必要的资源和服务。持续和综合管理自然资源的基础对可持续发展至关紧要。在这方面，为了尽早扭转自然资源损害的目前趋势，必须执行将国家以及酌情在区域一级通过的目标包括在内的战略，以保护生态系统和统一管理土地、水和生物资源，同时加强区域、国家和地方的能力。

1）水资源：发起一项行动方案，提供财政和技术援助，以实现关于安全饮水的千年发展目标。在这方面，我们同意在2015年底前使无法得到或负担不起安全饮用水的人口降低一半的《联合国千年宣言》目标，并使无法得到较好卫生设施的人口降低一半。

支持发展中国家和转型期经济国家监测和评估水资源的数量和质量的工作，包括建立和（或）进一步发展国家监测网和水资源数据库，并制定有关的国家指标。

通过合作进行联合观测和研究，改善水资源管理和科学地了解水的周期，并为此目的鼓励并提倡知识分享，进行能力建设，相互商定特别向发展中国家和转型期经济国家转让技术，包括遥感和卫星技术。

促进与水问题有关的各种国际和政府间机构及过程在联合国系统之内和联合国与国际金融机构之间的有效协调，并吸收其他国际机构和民间社会的意见，在知情后作出政府间决策，还应进行更密切的协调，就《国际淡水年（2003年）》之前和之后的活动，详细制定和资助各项建议并开展活动。

2）海洋资源：各大洋、各种海洋、岛屿和沿岸地区是地球生态系统的完整和必要的组成部分，是全球粮食安全、可持续经济繁荣和许多国家经济体，尤其是发展中国家的幸福的关键。保证海洋的可持续发展需要有关机构包括在全球和区域两级进行有效协调和合作。

按照《21世纪议程》第17章，促进养护和管理海洋，办法是在各级采取行动，并充分考虑到有关国际文书。

提前执行《保护海洋环境免受陆上活动影响全球行动纲领》和《保护海洋环境免受陆上活动影响蒙特利尔宣言》，在2002—2006年期间特别侧重注意城市废水、生态环境的改变和破坏。

为加强海洋安全和保护海洋环境不受污染，改进对海洋和沿岸生态系统的科学认识和评估，作为健全决策的根本依据。

3）放射性污染：考虑到放射性废物可能对环境和人类健康造成非常严重的影响，鼓励各国政府在考虑到其本国国情，作出努力审查并进一步改进关于安全问题的各种措施和国际议定的条例的同时，强调必须设立有效的涉及下列方面的赔偿责任机制：辐射性材料、辐射性废物和用过的核燃料的国际海上运输和其他跨边界移动，其中包括依照有关国际文书事先通知和协商的安排。

21世纪，为了使世界更加安全，必须采取综合的、对付多种危害和广泛包含的方法来处理脆弱性、风险评估和灾害管理的问题，包括预防、减轻、事先准备、应付和复原。

4）气候问题：全球气候变化及其所产生的不利影响是人类共同关心的问题。我们仍然深为关切所有国家，特别是发展中国家，其中包括最不发达国家和小岛屿发展中国家，日益面临气候改变的不良影响，并认识到在这方面，贫穷、土地退化、获取饮水和粮食及人类健康仍然是全球最关注的问题。联合国气候变化框架公约是关于气候改变这项全球关注问题的关键文书，我们重申我们决心实现该公约的最终目标：将大气温室气体含量稳定下来，使人类对气候系统进行的干扰不到达危险的程度，必须根据我们不同的责任和各自的能力，在一定的时限内实现这一目标，以便生态系统能够自然地适应气候变化，确保粮食生产不受到威胁、经济发展能够以可持续的方式进行。

铭记里约各项原则，包括下列原则：鉴于各国在造成全球环境退化方面的作用不同，而负有共同但有区别的责任，加强在国际、区域和国家各级的合作，减少空气污染，包括越境空气污染、酸沉积作用和臭氧枯竭，并在各级采取行动。

5）农业问题：农业在满足不断增加的全球人口的需求方面发挥至关重要的作用，且与消除贫穷密切相关，尤其是在发展中国家。必须提高妇女在农村发展、农业、营养和粮食安全等的所有层面和所有方面上的作用。可持续农业和农村发展，对于以环境上可持续的方式在扩大粮食生产和加强粮食安全及食品无害方面采取综合办法是至关重要的。

6）土地荒漠化：加强执行《联合国关于在发生严重干旱和/或荒漠化的国家特别是在非洲防治荒漠化的公约》，处理荒漠化和土地退化的原因以期保持和恢复土地，并处理因土地退化造成的贫穷现象。

7）生物多样性：山脉生态系统支持特定的生计，并包括重要的流域资源、生物多样性和独特的动植物群。其中许多十分脆弱、易遭受气候变化的不利影响，需要得到特定的保护。

生物多样性在整个可持续发展和消除贫穷中发挥着关键作用，它对地球、人民生计和文化完整性也是必不可少的。由于人类的活动，生物多样性目前正以前所未有的速度消失；只有根据《生物多样性公约》第 15 条的规定，让当地人民，特别是遗传资源原产国从生物多样性的保护和可持续利用中受益，才能扭转这种趋势。《生物多样性公约》是生物多样性的保护和可持续利用以及公正和公平分享遗传资源的使用收益的重要文书。更有效和一致地执行该公约的三项目标和在 2010 年底前大幅度降低目前生物多样性损失的速率，需要向发展中国家提供新的和额外的财务和技术资源。

8）促进可持续的旅游发展：包括非消费型生态旅游，其中考虑到 2002 年国际生态旅游年、2002 联合国文化遗产年、2002 年世界生态旅游首脑会议及其《魁北克宣言》和世界旅游组织通过的《全球旅游业道德守则》的精神，以增加旅游资源对旅游区人民的收益，同时保持旅游区文化与环境的完整性和加强生态敏感区和自然遗产的保护工作。促进可持续的旅游发展和能力建设，以帮助加强农村和当地社区的工作。

9）森林资源：森林和树木覆盖将近 1/3 的地球表面。对自然林和人造林、木材产品和非木材产品进行可持续森林管理是实现可持续发展所必不可少的，也是消除贫穷、大大减少伐林、遏止丧失森林多样性和减少土地和资源退化、提高粮食安全以及取用安全饮水和负担得起的能源的关键手段，这突出说明自然林木和人造林木的诸多益处。在国家和全球两级实现可持续森林管理，包括通过有关政府与利益相关者，包括民营部门、土著和当地社区及非政府组织，形成伙伴关系是可持续发展的一项基本目标。

10）矿物资源：采矿、矿物和金属业对许多国家的经济和社会发展十分重要。矿物对现代生活是必需品。目的是提高采矿、矿物和金属业对可持续发展的贡献。

（4）在一个全球化的世界中实现可持续发展　全球化不仅为可持续发展提供了机遇，同时也带来了挑战。我们承认，全球化和相互依赖为贸易、投资和资本流动、技术进步（包括信息技术的进步）、世界经济增长、发展以及提高世界生活水平带来了新的机遇。

进一步加强与贸易有关的技术援助和建设能力，把发展中国家的需要和利益列为世贸组织工作方案的核心，确保发展中国家积极有效地充分参与多边贸易谈判。

积极促进以里约原则为依据的共同责任和问责制，包括全面制定和切实有效地实施政府间协定和措施、国际倡议和公私伙伴关系，以及适当的国家管理条例，资助继续改善各国的共同做法。

促进发展中国家提出公/私营倡议，以利于得到有关各国和金融市场的准确、及时和全面的资料。多边和区域金融机构应为此提供进一步的援助。

在国际金融机构、并酌情在区域开发银行的资助下，在发达和发展中国家、转型期经济体国家，以及发展中国家之间加强符合多边贸易体制的区域贸易和合作协定，以实现可持续发展的各项目标。

根据相互商定的条件转让技术、提供财政和技术资助，协助发展中国家和转型期经济体国家弥补数字鸿沟，创造数字机会，并发挥信息和通信技术用于发展的潜力。

(5) 健康和可持续发展 《关于环境与发展的里约宣言》指出，人是可持续发展各种关切问题的中心，有权过上健康和富有成效的生活，与自然和睦相处。要想实现可持续发展的各个目标，必须消除各种普遍存在的能够削弱人类能力的疾病，同时使所有需要消除贫穷的人身体健康。现在迫切需要解决健康状况不佳的根源，包括环境根源及其对发展的影响，同时特别重视妇女和儿童，以及残疾人、老年人和土著人等社会其他弱势群体。

1）提高保健系统的能力，以高效、容易利用和负担得起的方式向所有人提供基本保健服务，以预防、控制和治疗各种疾病，减少环境对健康造成的威胁，同时考虑到联合国近年召开的会议、首脑会议和特别会议的报告以及各国的法律、文化和宗教价值观。

2）在商定的时间表内，实施联合国大会第二十六届特别会议通过的《关于艾滋病毒/艾滋病问题的承诺宣言》，特别强调受害最重国家不迟于 2005 年、全球范围不迟于 2010 年将 15～24 岁青年男女的艾滋病毒感染率减少 25%，并防治疟疾、结核病和其他疾病。

3）减少空气污染造成的呼吸系统疾病和其他健康影响，特别注意妇女和儿童的情况。

4）逐步去除铅涂料和其他人体接触来源中的含铅量，努力特别预防儿童接触到铅，加强监测和监督努力，并治疗铅中毒患者。

《执行计划》被认为是关系到全球未来 10～20 年环境与发展进程走向的路线图，是国际社会在可持续发展领域积极努力的最新结晶，其重要性不容低估。计划本身虽然不具备法律约束力，但其正式文本有政治甚至"道义"上的含义，将对未来环境与发展产生积极影响。这份文件的最主要价值，在于它就"在促进经济发展的同时保护生态环境"发出了行动信号。10 年前，里约联合国环发大会通过的《21 世纪议程》为全球可持续发展指明了大方向。但文件提出的只是一系列相对模糊的目标，缺乏具体的行动计划。与之相比，约翰内斯堡会议通过的《执行计划》提出了诸多明确目标，并设立了相应的时间表，其中包括到 2020 年最大限度地减少有毒化学物质的危害；到 2015 年将全球绝大多数受损渔业资源恢复到可持续利用的最高水平；在 2015 年之前，将全球无法得到足够卫生设施的人口降低一半以及到 2005 年开始实施下一代人的资源保护战略等。

要真正实现全球的可持续发展,需要各国政府的大力支持,需要全人类的参与和努力。

思考与讨论：你认为应该怎样消除贫困？怎样改变消费和生产形态？怎样保护和管理资源？

10.3 我国可持续发展的战略措施

10.3.1 我国实践可持续发展的历程

从 1992—2002 年我国实施可持续发展的 10 年当中，具有里程碑意义的重大事件和重大活动，可以从以下所列的国家战略行动中充分地体现：

1）1992 年 6 月，联合国环境与发展大会在巴西里约热内卢开幕，李鹏总理代表中国政府在《里约宣言》上签字。

2）1992 年 8 月，国务院批准发布《中国环境与发展的十大对策》。

3）1994 年 3 月国务院第 16 次常务会议通过《中国 21 世纪议程》。

4）1994 年，国务院制定《国家“八七”扶贫攻坚计划》，要求用 7 年左右的时间，基本解决农村 8000 万贫困人口的温饱问题。

5）1995 年 8 月，我国第一部流域治理法规《淮河流域水污染防治暂行条例》颁布实施。

6）1996 年 3 月，全国人大第八界四次会议批准《中华人民共和国国民经济和社会发展“九五”计划和 2010 年远景目标纲要》，第一次以最高法律形式把科教兴国与可持续发展并列为国家基本战略。

7）1997 年 3 月，中央在北京召开第一次中央计划生育与环境保护工作座谈会，以后每年举行一次，并于 1999 年进一步扩大为中央人口、资源、环境座谈会。

8）1998 年，江泽民主席发出“再造一个山川秀美的西北地区”的号召。

9）1998 年，全国抗洪斗争取得胜利，全国人大常委会修订《森林法》、《土地管理法》。

10）1998 年中央政府批准《全国生态环境建设规划》，接着又在 2001 年批准实施《全国生态环境保护纲要》。

11）1999 年 8 月，朱总理在陕西考察水土流失，改善生态环境和黄河防汛工作，提出退耕还草、退耕还林的具体措施，落实“再造秀美山川”的号召。

12）2000 年 10 月，国务院发出了关于实施西部大开发若干政策，开发建设十大项目。

13）2001 年 3 月，九界人大四次会议通过“十五”计划纲要，将实施可持续发展战略置于重要地位，完成从确立到全面推进可持续发展战略的历史性进程。

与此同时全国人大和中央政府制定了有关法律法规和各重点领域可持续发展战略的目标与行动纲领，例如《国务院关于环境保护若干问题的决定》、《国家环境保护“九五”计划和 2010 年远景目标纲要》、《“九五”期间全国主要污染物排放总量控制计划》、《中国跨世纪绿色工程规划》和《“十五”生态建设和环境保护重点专项规划》等。

10 年中，我国在可持续发展能力建设的国家行动中，在以下七个方面为我国也为世界做出了重大的贡献，在国际大家庭中创造了在经济高速发展条件下全面协调“自然-社会-经济”复杂系统和全面推进“人口-资源-环境”整体提高的典范。这七个方面是：

1）坚定选择资源节约型的经济体系。

2）努力推进社会公平化的社会体系。

3）充分重视提高国家综合实力的科技体系。

4）始终保持自然生产能力的生态体系。

5）大力促进环境质量提高的环境体系。

6）全面提高国民整体素质的人口体系。

7）持续规范合理行为的政策法规体系。

10.3.2 我国可持续发展的战略目标

1. 中国 21 世纪议程

（1）《中国 21 世纪议程》的基本内容 《中国 21 世纪议程》文本与全球《21 世纪议

程》相呼应，是根据我国国情编制的，广泛吸纳、集中了政府各部门正在组织进行和将要实施的各类计划，具有综合性、指导性和可操作性。《中国21世纪议程》阐明了我国的可持续发展战略和对策。20章内容可分为四大部分。

第一部分涉及可持续发展总体战略，包括第1，2，3，5，6和20等六章 。这一部分从总体上论述了中国可持续发展的背景、必要性、战略与对策，提出了到2000年各主要产业发展目标、社会发展目标和与上述目标相适应的可持续发展对策。它包括建立中国可持续发展的法律体系，通过立法保障妇女、青少年、少数民族、工人、科技界等社会各阶层参与可持续发展以及相应的决策过程；制定和推行有利于可持续发展的经济政策、技术政策和税收政策，包括考虑将资源和环境因素纳入经济核算体系；逐步建立《中国21世纪议程》发展基金，广泛争取民间和国际资金支持；加强现有信息系统的联网和信息共享；重视对各级领导和管理人员实施能力培训等。

第二部分涉及社会可持续发展内容，包括第7，8，9，10和17章等共五章。社会可持续发展包括控制人口增长和提高人口素质；引导民众采用新的消费方式和生活方式；在工业化和城市化的进程中，发展中心城市和小城镇，发展社区经济，注意扩大就业容量，大力发展第三产业；加强城乡就业规划，合理使用土地，注意将环境的分散治理协调统一管理机制；增强贫困地区与自身经济发展相适应的自身灾害防治体系。

第三部分涉及经济可持续发展内容，包括第4，11，12和13章等共四章。经济可持续发展包括利用市场机制和经济手段推动可持续发展，提供新的就业机会；完善农业和农村经济可持续发展综合管理体系；要在工业生产中积极推广清洁生产，尽快发展环保产业，发展多种交通模式，提高能源效率与节能，推广少污染的煤炭开发开采技术和清洁煤技术，开发利用新能源和可再生能源。

第四部分涉及资源与环境的合理利用与保护，包括第14，15，16，18和19章等共五章。资源的合理利用与环境保护包括在自然资源管理决策中推选可持续发展影响评价制度；通过科学技术引导，对重点区域的流域进行综合开发整治；完善生物多样性保护法规体系，建立和扩大自然保护区网络；建立全国土地荒漠化的监测和信息系统，采用新技术和先进设备控制大气污染和防治酸雨；开发消耗臭氧层物质的替代产品和替代技术；大面积造林；建立有害物质处理利用的法规、技术标准等。

(2)《中国21世纪议程》优先项目的计划目标

1）近期目标（1994—2000年）：重点是针对我国存在的环境与发展的突出的矛盾，采取应急行动，并为长期可持续发展的重大举措打下坚实基础，使中国在保持8%左右经济增长速度的情况下，使环境质量、生活质量、资源状况不再恶化，并局部有所改善；同时，加强可持续发展的能力建设也是近期的重点目标。

2）中期目标（2000—2010年）：重点是为改变发展模式和消费模式而采取的一系列可持续发展行动；完善适用于可持续发展的管理体制、经济产业政策、技术体系和社会行为规范。

3）长期目标（2010年以后）：重点是恢复和健全我国经济—社会—生态系统调控能力，使我国经济、社会发展保持在环境和资源的承受能力之内，探索一条适合我国国情的高效、和谐、可持续发展的现代化道路，对全球的可持续发展进程作出应有的贡献。

(3)《中国21世纪议程》优先项目计划框架的优先领域

1）资源与环境保护：资源综合管理与政策；土地、森林、淡水、海洋、矿产等资源保护与可持续利用；水土保持与沙漠化防治；环境污染控制。

2）全球环境问题：气候变化问题；生物多样性保护问题；臭氧层保护问题。

3）人口控制与社会可持续发展：控制人口数量，提高人口素质；扶贫；我国城市可持续发展；卫生与健康；防灾减灾。

4）可持续发展能力建设：强化和完善可持续发展管理机制；可持续发展立法与实施；转变传统观念，提高公众可持续发展意识；种学技术能力建设。

5）工业交通的可持续性发展：强化市场条件下具有可持续发展能力的工业管理体制与政策；改善工业部局与结构；开展清洁生产与废物最小量化；开发高效节能型工业污染治理技术；发展环保产业，生产绿色产品；加强交通、通信业的可持续发展。

6）农业的可持续性发展：强化农业发展的宏观调控政策；选择可持续性农业科学技术；促进农村人口资源开发和充分就业；发展生态农业；制定和实施有利于乡镇建设的规划与政策，控制乡镇企业环境的污染。

7）持续的能源生产与消费：提高能源效率与节能；清洁煤技术；新能源和可再生能源。

2. 我国50年发展目标

“中国要用五十年的时间全面达到世界中等发达国家的可持续发展水平，进入到世界总体可持续发展能力前十名的国家行列……”这是“21世纪论坛”2005年会议上，中国科学院可持续发展战略研究组组长、首席科学家牛文元展望了中国未来五十年可持续发展的目标，并将具体细化如下：

1）到2050年，在整体国民经济中，科学发展的贡献率达到70%～75%。

2）到2050年，每单位GDP的能量和资源消耗所创造的价值，在2005年的基础上要分别提高15～20倍。

3）到2050年，中国人的平均预期寿命可以达到85岁。

4）到2050年，中国的四大基本指数：恩格尔系数平均在0.15以下、基尼系数平均在0.30～0.35之间、人文发展指数平均在0.9以上、二元结构系数平均在1.5以内。

5）到2050年，全国人均受教育的年限，从现在的7.8年提升到14年以上。

6）争取到2030年实现人口自然增长率的零增长，同时大力提高人口素质，改善人口的结构。

7）争取到2040年，实现能源和资源消耗速率的零增长，同时大力提高社会财富的积累能力。

8）争取到2050年，基本实现生态环境退化速率的零增长，同时大力提高生态环境的质量，整体改善生存空间，全面进入可持续发展的良性循环。

10.3.3 我国可持续发展的战略措施

为了贯彻落实《中国21世纪议程》，我国政府制定了《中国21世纪初可持续发展行动纲要》（以下简称《纲要》），从根本上保证了我国的可持续发展。其中有六项保障措施。

1. 运用行政手段，提高可持续发展的综合决策水平

（1）加强领导，抓好管理　各级政府都要认真贯彻可持续发展战略，将《纲要》所确定的有关人口资源环境等方面的任务纳入日常工作议程。继续坚持和认真落实人口资源环境工作党政一把手亲自抓、负总责的制度，逐级建立和完善严格的责任制。由政府负责，协调部门制定政策、明确任务，落实责任、督促检查，做到责任、措施和投入“三到位”。不断提高政府统筹规划和政策协调以及规范管理的能力和水平。

(2) 强化监督，狠抓落实　结合完善规范、科学的公务员政绩考核和奖惩制度，使各级政府主要领导关心和重视人口、资源和环境的可持续发展。各级政府应当确保将可持续发展工作纳入相关的战略、规划和计划，并且贯穿到计划实施的全过程。逐步将领导干部实施可持续发展战略的评估结果和最后验收结果作为定量考核和评估其工作实绩的主要依据。

(3) 统一协调，综合决策　建立和完善人口资源环境与经济社会的统一协调机制与综合决策激励机制；制定有利于综合考核地区和企业可持续发展水平的指标体系，试行将资源环境成本纳入国民经济核算体系；试行重大项目和重大决策的可持续发展影响评价制度，建立公众参与综合决策的渠道，提高政府推进可持续发展的公共服务水平。

2. 运用经济手段，建立有利于可持续发展的投入机制

(1) 建立有利于可持续发展的相对稳定的资金投入筹措机制　逐步加大各级政府在可持续发展方面的必要投入，引导非国有资金甚至国外资金投入可持续发展领域，大幅度提高实施可持续发展战略的资金保障程度和稳定性，提高对投入可持续发展资金使用的管理水平和投入资金的经济效益。

(2) 建立有利于引导各类利益主体参与可持续发展的价格调节机制　通过价格调节，引导各类相关利益主体的法人强化节约资源，严格保护城乡生态环境，真正发挥价格机制在资源的市场供求和可持续利用等方面的调节功能。

3. 运用科教手段，为推进可持续发展提供强有力的支撑

(1) 深化科技体制改革，建设国家创新体系　通过机制创新和管理创新，逐步形成既顺应市场经济要求，又符合科技发展自身规律的科技体制。优化科技资源配置，进一步加强与可持续发展相关的科学研究体系、技术开发体系、科技服务体系建设，调动科技人员从事可持续发展领域研究和产业化的积极性、创造性，促进实现人口资源环境的可持续发展。

(2) 依靠科技，大力开发、推广和应用先进适用的生态“友好型”实用技术　集中力量研究开发一批对可持续发展有重大影响的关键技术，提高可持续发展技术水平和能力；在加快企业结构调整的过程中，推行清洁生产，并与企业技术进步、节能降耗、资源综合利用和加强企业管理结合起来，加快各类企业环境污染由末端治理向全过程控制的根本转变。加快建立和完善以开展清洁生产为重点的工业污染综合防治模式，鼓励和支持企业采用高新技术，使用新型能源，走低能耗、物耗、少排污的清洁生产发展道路；选择具备条件的地区或企业，扶持建立若干生态和环保研发中心，组织开展技术和装备攻关，提高环保设备成套化、系列化水平。

(3) 积极发展各级各类教育，提高全民可持续发展意识　强化人力资源开发，提高公众参与可持续发展的科学文化素质。在基础教育以及高等教育教材中增加关于可持续发展的内容，在中小学开设“科学”课程，在部分高等学校建立一批可持续发展的示范园(区)。政府有关部门要在经费投入和工作安排上加大面向全社会宣传、普及、推广、应用等软环境建设的力度。科研机构定期向社会开放。利用大众传媒和网络广泛开展国民素质教育和科学普及。加快培育一大批熟悉优生优育、生态环境保护、资源节约、绿色消费等方面基本知识和技能的科研人员、公务员和志愿者。积极鼓励与支持社会组织和民间团体参与促进可持续发展的各项活动。

4. 运用法律手段，提高实施可持续发展战略的法制化水平

（1）继续加强可持续发展方面的立法工作　研究、制定一些新的法律法规，加快修改完善现有法律法规，形成基本完善的可持续发展法律制度。各地区要按照国家法律法规，根据当地实际情况，制定实施一些地方性法规，以促进发展各具特色的区域性可持续发展模式和道路。

（2）做好相应的配套制度建设和标准制定工作　建立健全有关可持续发展的各项管理制度，包括现行的各项环境管理制度、自然资源权属管理制度、有偿使用制度和使用权（产权）流转制度、流动人口综合管理制度等，逐步形成具有中国特色社会主义的人口资源环境工作管理制度体系。

（3）大力提高全社会的公共监督和法制化管理水平　加强执法队伍建设，加大执法力度，注意发挥新闻单位、社会中介组织的监督作用，切实保障各级政府和执法部门依法行使管理职能；注重人口资源环境有关法律法规知识的宣传、普及和教育，尽快提高社会大众关于可持续发展的法律意识和法制观念。

5. 运用示范手段，做好重点区域和领域的试点示范工作

加强可持续发展的试点示范工作，总结经验，逐步推进可持续发展战略的实施。通过开展试点示范工作，建立一批可持续发展基地，形成集技术、管理、政策、机制于一体的综合示范；围绕可持续发展领域的重大问题，开展政策、战略和关键技术研究。通过典型区域和领域的试点示范，解决地方普遍遇到的资源利用、生态环境保护、结构调整和经济增长方式转变等方面的问题，形成不同类型的可持续发展模式，并向周围其他地区辐射推广。

6. 加强国际合作，为可持续发展创造良好的国际环境

积极参与全球环境合作，就参与各类环境条约问题制定对策，认真履行参加的各类国际条约，贯彻落实可持续发展世界首脑会议等相关国际会议达成的决议和决定；重视并积极推动双边和多边国际合作，利用各种渠道促进国内环境保护，维护我国利益，为可持续发展创造良好的国际环境；适应经济全球化和我国加入世贸组织的新形势，逐步建立和完善以绿色产品、技术、服务为主导的投资贸易政策体系，充分利用国际国内两种资源和两个市场，促进我国可持续发展战略的顺利实施。

思考与讨论：根据所掌握的情况联系当地实际，评述我国在可持续发展方面的成就和不足。

本章小结

一、可持续发展理论

1. 可持续发展理论的产生

源于人们对环境问题的逐步认识和热切关注。其产生背景是人类赖以生存和发展的环境和资源遭到越来越严重的破坏，人类已不同程度地尝到了环境破坏的苦果。

2. 可持续发展理论的内涵和实质

可持续发展战略的核心是经济发展与保护资源、保护生态环境的协调一致，是为了让子孙后代能够享有充分的资源和良好的自然环境。

二、可持续发展的实施

1.《21世纪议程》

《21世纪议程》是1992年6月3日—14日在巴西里约热内卢召开的联合国环境与发展大会通过的重要文件之一。该文件着重阐明了人类在环境保护与可持续发展之间应做出的选择和行动方案，提供了21世纪的行动蓝图，涉及与地球持续发展有关的所有领域。

2. 约翰内斯堡峰会《执行计划》

《执行计划》是关系到全球未来10～20年环境与发展进程走向的路线图，是国际社会在可持续发展领域积极努力的最新结晶。计划本身虽然不具备法律约束力，但其正式文本有政治甚至“道义”上的含义，将对未来环境与发展产生积极影响。

这份文件的最主要价值，在于它就“在促进经济发展的同时保护生态环境”发出了行动信号。10年前，里约联合国环发大会通过的《21世纪议程》为全球可持续发展指明了大方向。而《执行计划》提出了诸多明确目标，并设立了相应的时间表，其中包括到2020年最大限度地减少有毒化学物质的危害；到2015年将全球绝大多数受损渔业资源恢复到可持续利用的最高水平；在2015年之前，将全球无法得到足够卫生设施的人口降低一半以及到2005年开始实施下一代人资源保护战略等。

三、我国可持续发展战略

1. 我国实践可持续发展的历程

介绍1992—2002年我国政府在可持续发展方面做出的努力，和我国在可持续发展方面所取得的成绩。

2. 我国可持续发展的战略目标

给出了《中国21世纪议程》中指出的初期、中期和长期发展目标，以及2050年我国要达到的发展目标。

3. 我国可持续发展的战略措施

介绍了《中国21世纪初可持续发展行动纲要》，明确了运用行政、经济、科教、法律、示范手段，加强国际合作的六项战略措施。

思考与实践

1. 查阅《21世纪议程》内容，概述它的要点。
2. 查阅《中国21世纪议程》的内容和行动目标。
3. 查阅《中国21世纪初可持续发展行动纲要》的内容和战略措施。
4. 查阅我国政府近年来提出的可持续发展的主题。
5. 调查报告：本地区的发展状况和我国整体发展水平比较。

参考书与相关网站

1.《可持续发展论》ISBN：7-80135-246-7
2.《中国可持续发展态势分析》ISBN：7-100-03325-X
3.《全球气候变化——人类面临的挑战》ISBN：7-100-04183-X
4.《环境保护与可持续发展》ISBN：7-04-007975-5
5. 中国21世纪议程管理中心 http：//www.acca21.org.cn
6. 自然之友 http：//www.fon.org.cn
7. 中国可持续发展信息网 http：//www.sdinfo.net.cn

第 11 章　循环经济与清洁生产

内容提要：循环经济已经成为推进 21 世纪可持续发展战略的重要经济模式。本章讲述了循环经济的起源、发展、定义和内涵。论述了循环经济是我国实现可持续发展的必由之路和我国政府推行循环经济的措施。讲述了实现循环经济的重要环节：清洁生产的概念和内涵，以及国际、国内推行清洁生产的现状和策略。讲述了从“绿色消费”到“绿色产品”的一系列“绿色”概念。阐明了为实现可持续发展，国家、企业和个人所应尽的责任和义务。

学习要点：深刻理解循环经济、清洁生产和绿色消费的内涵，掌握循环经济的“3R”原则，牢固树立清洁生产和绿色消费的观念；了解国内外推行清洁生产和绿色消费的现状和前景；熟悉我国实行循环经济和推行清洁生产的措施和规定，知道如何参与清洁生产和绿色消费行动。

循环经济是国际社会推进可持续发展战略和节约型社会的一种优选模式，它强调以循环生产模式替代线性增长模式，强调全过程的“清洁生产”，产品为“绿色产品”，消费为“绿色消费”。表现为“资源——产品——再生资源”和最有效利用资源和保护环境，做到生产和消费“污染排放最小化、废物资源化和环境无害化”，以最小的成本获取最大的经济效益、社会效益和环境效益。

11.1　循环经济

自从 20 世纪 90 年代推行可持续发展战略以来，发达国家把发展循环经济、建立循环型社会看作是实施可持续发展战略的重要途径和实现方式。

11.1.1　循环经济的起源和发展

循环经济的思想萌芽可以追溯到环境保护兴起的 20 世纪 60 年代。1962 年，美国生态学家卡尔逊发表了《寂静的春天》，指出生物界以及人类所面临的危险。“循环经济”一词，首先由美国经济学家 K. 波尔丁提出，主要指在人、自然资源和科学技术的大系统内，在资源投入、企业生产、产品消费及其废弃的全过程中，把传统的依赖资源消耗的线性增长经济，转变为依靠生态型资源循环来发展的经济。其“宇宙飞船理论”可以作为循环经济的早期代表。大致内容是：地球就像在太空中飞行的宇宙飞船，要靠不断消耗自身有限的资源而生存，如果不合理开发资源或破坏环境，就会像宇宙飞船那样走向毁灭。因此，宇宙飞船经济要求一种新的发展观：

第一，必须改变过去那种“增长型”经济为“储备型”经济。

第二，要改变传统的“消耗型经济”，而代之以休养生息的经济。

第三，实行福利量的经济，摒弃只着重生产量的经济。

第四，建立既不会使资源枯竭，又不会造成环境污染和生态破坏、能循环使用各种物资的“循环式”经济，以代替过去的“单程式”经济。

20世纪90年代之后，发展知识经济和循环经济成为国际社会的两大趋势。我国从20世纪90年代起引入了关于循环经济的思想。此后对于循环经济的理论研究和实践不断深入。

1998年引入了德国循环经济概念，确立了“3R”原理的中心地位，1999年从可持续生产的角度对循环经济发展模式进行整合；2002年从新兴工业化的角度认识循环经济的发展意义；2003将循环经济纳入科学发展观，确立物质减量化的发展战略；2004年，提出从不同的空间规模（城市、区域、国家）层面大力发展循环经济。

11.1.2 循环经济的定义

所谓循环经济，本质上是一种生态经济，它要求运用生态学规律而不是机械论规律来指导人类社会的经济活动。与传统经济相比，循环经济的不同之处在于：传统经济是一种由“资源—产品—污染排放”单向流动的线性经济，其特征是“三高一低”，即高开采、高消费、高排放、低利用。在这种经济中，人们高强度地把地球上的物质和能源提取出来，然后又把污染物和废物大量地排放到水系、空气和土壤中，对资源的利用是粗放的和一次性的，通过把资源持续不断地变成为废物来实现经济的数量型增长。与此不同，循环经济倡导的是一种与环境和谐的经济发展模式。它要求把经济活动组织成一个“资源—产品—再生资源”的反馈式流程，其特征是“三低一高”，即低开采、低消耗、低排放、高利用。所有的物质和能源能在这个不断进行的经济循环中得到合理和持久的利用，以把经济活动对自然环境的影响降低到尽可能小的程度。循环经济为工业化以来的传统经济转向可持续发展的经济提供了战略性的理论范式，从而从根本上消解长期以来环境与发展之间的尖锐冲突。“减量化、再利用、再循环”是循环经济最重要的实际操作原则。

11.1.3 循环经济的内涵

（1）循环经济的“3R原则” 循环经济要求以“3R原则”为经济活动的行为准则。

1）减量化原则（Reduce），要求用较少的原料和能源投入来达到既定的生产目的或消费目的，进而从经济活动的源头就注意节约资源和减少污染。减量化有几种不同的表现。在生产中，减量化原则常常表现为要求产品小型化和轻型化。此外，减量化原则要求产品的包装应该追求简单朴实而不是豪华浪费，从而达到减少废物排放的目的。

2）再使用原则（Reuse），要求制造产品和包装容器能够以初始的形式被反复使用。再使用原则要求抵制当今世界一次性用品的泛滥，生产者应该将制品及其包装当作一种日常生活器具来设计，使其像餐具和背包一样可以被再三使用。再使用原则还要求制造商应该尽量延长产品的使用期，而不是非常快地更新换代。

3）再循环原则（Recycle），要求生产出来的物品在完成其使用功能后能重新变成可以利用的资源，而不是不可恢复的垃圾。按照循环经济的思想，再循环有两种情况，一种是原级再循环，即废品被循环用来生产同种类型的新产品，例如报纸再生报纸、易拉罐再生易拉罐等等；另一种是次级再循环，即将废物资源转化成其他产品的原料。原级再循环在减少原材料消耗上面达到的效率要比次级再循环高得多，是循环经济追求的理想境界。

（2）循环经济的主要特征　循环经济作为一种科学的发展观、一种全新的经济发展模式，具有自身的独立特征，其特征主要体现在以下几个方面：

1）新的系统观。循环是指在一定系统内的运动过程，循环经济的系统是由人、自然资源和科学技术等要素构成的大系统。循环经济观要求人在考虑生产和消费时不再置身于这一大系统之外，而是将自己作为这个大系统的一部分来研究符合客观规律的经济原则，如将“退田还湖”、“退耕还林”、“退牧还草”等生态系统建设作为维持大系统可持续发展的基础性工作来抓。

2）新的经济观。在传统工业经济的各要素中，资本在循环，劳动力在循环，唯独自然资源没有形成循环。循环经济观要求运用生态学规律，而不是仅仅沿用19世纪以来机械工程学的规律来指导经济活动。不仅要考虑工程承载能力，还要考虑生态承载能力。在生态系统中，经济活动超过资源承载能力的循环是恶性循环，会造成生态系统退化；只有在资源承载能力之内的良性循环，才能使生态系统平衡地发展。

3）新的价值观。循环经济观在考虑自然时，不再像传统工业经济那样将其作为“取料场”和“垃圾场”，也不仅仅视其为可利用的资源，而是将其作为人类赖以生存的基础，是需要维持良性循环的生态系统；在考虑科学技术时，不仅考虑其对自然的开发能力，而且要充分考虑到它对生态系统的修复能力，使之成为有益于环境的技术；在考虑人自身的发展时，不仅考虑人对自然的征服能力，而且更重视人与自然和谐相处的能力，促进人的全面发展。

4）新的生产观。传统工业经济的生产观念是最大限度地开发利用自然资源，最大限度地创造社会财富，最大限度地获取利润。而循环经济的生产观念是要充分考虑自然生态系统的承载能力，尽可能地节约自然资源，不断提高自然资源的利用效率，循环使用资源，创造良性的社会财富。在生产过程中，循环经济观要求遵循“3R”原则，同时，还要求尽可能地利用可循环再生的资源替代不可再生资源，如利用太阳能、风能和农家肥等，使生产合理地依托在自然生态循环之上；并尽可能地利用高科技，尽可能地以知识投入来替代物质投入，以达到经济、社会与生态的和谐统一，使人类在良好的环境中生产生活，真正全面提高人民生活质量。

5）新的消费观。循环经济观要求走出传统工业经济“拼命生产、拼命消费”的误区，提倡物质的适度消费、层次消费，在消费的同时就考虑到废弃物的资源化，建立循环生产和消费的观念。同时，循环经济观要求通过税收和行政等手段，限制以不可再生资源为原料的一次性产品的生产与消费，如宾馆的一次性用品、餐馆的一次性餐具和豪华包装等。

11.1.4 循环经济是我国实现可持续发展的必由之路

1. 循环经济是我国可持续发展模式的理性选择

（1）循环经济是我国实现可持续发展战略的重要途径和方式　我国是一个人口密度高、人均资源贫乏的国家，我国人均土地占有量和水资源占有量只有世界人均占有量的1/3和1/4，人均矿产资源不足世界平均水平的1/2。与此同时，环境污染非常严重。如果仍以传统粗放型高消耗、低产出、高污染的生产方式来维持经济的高速增长，将会使环境状况进一步恶化，也会使有限的资源加速耗竭。环境和资源所承受的压力反过来对社会经济的发展会产生严重的制约作用。所以必须转变传统的发展模式，以发展循环经济来保证水土资源和矿产资源对经济发展的持续支撑。

（2）循环经济是生态环境和人民健康与安全的重要保障　传统粗放型生产方式所造成的环境污染和生态破坏已造成很多疾病和自然灾害。如1998年，我国长江、嫩江、松花江流域的特大洪水，2000年的沙尘暴和一系列严重的环境污染问题已经给我们敲响了警钟，实施循环经济势在必行。

（3）循环经济符合我国建立现代企业与世界经济接轨的要求　在西方国家，循环经济已经成为趋势和潮流，有的国家甚至以立法的方式加以推进。绿色食品、绿色消费、绿色环境不但是当今的时尚，而且是企业长期、牢固地占领市场并向国际市场拓展的有力措施和发展战略目标。在我国加入WTO后，市场的国际化要求我们在考虑经济效益的同时，还要重视社会效益和生态效益，打破“绿色壁垒”。我们的企业只有顺应世界经济发展潮流，发展循环经济，才能立于不败之地。

（4）循环经济是我国城市生态化、实现城市可持续发展的有效途径　自然生态化、经济生态化和社会生态化的平衡发展和良性循环是城市生态化，实现城市可持续发展的重要原则，但经济生态化是前提。循环经济正是经济生态化的转向，它突破了传统经济对建设生态型城市的最大壁垒。

（5）循环经济是我国消除贫困，减小贫富差距的核心　生态与经济协调发展是消除贫困、减小贫富差距的核心。长期以来，我国贫困地区多为原料地和重化工基地，以资源过度开采、损害生态环境为代价维持经济，势必走向恶性循环。我们应在恢复治理的同时，大力倡导发展循环经济，实现资源的循环、合理利用。尤其是那些在开发过程中新兴的资源性矿业城市，只有运用循环经济理论，促进物质流和能量流的循环传递，实现产业组合的最优化，才能防止生态环境的恶性循环，使经济发展走向良性循环。

2. 我国发展循环经济具有必要性和可行性

（1）发展循环经济的必要性

1）有限的资源决定了我国必须发展循环经济。我国是资源匮乏的国家。人均水资源拥有量为2250m^3/年，不到世界平均水平的1/4。水资源的时空分布也不均匀。600多个城市中，有300余座城市缺水，其中严重缺水城市有100余个，每年因缺水造成的经济损失约2000亿元。

我国的能源资源也十分有限。虽然已探明的煤炭储量占世界储量的11%，原油占2.4%，天然气占1.2%，但人均能源资源占有量不到世界平均水平的一半。原材料和能源的不足将成为我国总体经济规模扩张的“瓶颈”。

2）可持续的经济增长方式决定了我国必须走循环经济发展之路。我国经济的高速增长主要是靠巨额的投资推动的，经济效益不高，呈现明显的高投入、高消耗、低质量、低效益的粗放型特征。

1996年，我国的单位产值能耗为1172吨油当量/百万美元，远远高于美国（384）、日本（162）、德国（229）、英国（292）及世界平均水平（397）。1990年底我国的煤炭探明可开采储量为1661.23亿t，储采比（年末剩余探明储量比当年产量）为166，低于世界平均水平（238）。按照我国目前的平均回采率32.6%计算，上述煤炭探明储量可供开采50

~60 年，而若按 1980~1987 年我国煤炭产量与所消耗的煤炭探明量的推算，上述煤炭探明储量只可供开采 30~35 年。

3）发展循环经济是环境保护的必然要求。随着我国经济的快速增长，环境问题越来越突出。2000 年全国主要污染物排放总量仍处于较高水平，其中二氧化硫和 COD 排放量远远超过环境承载能力；七大水系干流中，只有 57.7%的断面达到或优于国家地面水环境质量三类标准，城市河段、沿海河口地区及城市附近海域污染严重；城市空气质量处于严重的污染水平，区域性酸雨污染严重；工业废弃物排放量 3186 万 t，其中近 200 万 t 危险废物直接向环境排放；城市生活垃圾年产生量以每年 8%的速度递增。要从根本上改善我国的环境质量，扭转生态恶化的趋势，就必须发展循环经济。

（2）发展循环经济的可行性　循环经济依靠技术进步和加强管理，通过“减少、再利用和再循环”提高资源和能源利用效率，实现少投入、高产出、低污染。总体来讲，我国现在已具备了发展循环经济的基本条件。

1）可持续发展成为我国发展战略。1996 年全国人大八届四次会议批准的《中华人民共和国国民经济和社会发展“九五”计划和二〇一〇年远景目标纲要》正式把可持续发展确定为国家的发展战略。1997 年开始，中央每年召开人口、资源与环境工作专题座谈会，可持续发展战略日益受到重视。同时，可持续发展战略体现在各级规划计划之中，全国各地也积极推进可持续发展战略的实施。

我国对污染严重及治理无望的企业实行关、停、并、转，另外还加快了资源与环境保护的立法进度，制定、修改了一系列有关资源利用与管理及环境保护方面的法律法规，初步形成了适合社会主义市场经济的环境与资源保护的法律体系框架，使我国可持续发展战略的实施逐步走向法制化、制度化和科学化的轨道。

2）污染物总量控制制度将促使企业提高资源和能源利用效率。污染物总量控制制度是我国环境制度重要的思想变革，是对过去主要以浓度标准为依据的环境管理制度的进一步完善。

尽管我国的环境管理力度逐步加大，工业企业达标排放率及城市污水处理程度逐渐提高，但由于一方面我国的环境污染物排放总量远远超过环境的承载力，另一方面我国的环境排放标准偏低，即使所有企业均达标排放，也很难从根本上改善我国的环境质量。因此，在这种情况下，国家环境管理部门从“九五”期间就开始在全国执行主要污染物排放总量控制计划。对污染严重及治理无望的企业的关、停、并、转和“一控双达标”等都是优化资源配置、节约总量资源的重要举措，并取得了显著成绩。

3）实施清洁生产能够实现环保与经济的“双赢”。清洁生产是指把综合预防的环境保护策略持续应用于生产过程和产品中，以期减少对人类和环境的危害。1993 年以来，全国 24 个省份不同行业的 200 多家企业进行了清洁生产。实践表明，实施清洁生产能够实现环保与经济的“双赢”。

ISO 14000 系列标准是集近年来世界环境管理领域的最新经验与实践于一体的自愿性的环境管理体系，它强调把环境管理纳入企业的日常生产管理中。建立 ISO 14000 环境管理体系，目的是帮助工业企业摆脱高投入、高消耗的粗放型增长模式，提高能源与资源的利用效率，提高企业及其产品在国际市场的竞争力。ISO 14000 环境管理体系国家认可制度已在我国全面展开。

(3) 我国推行循环经济的措施　2003 年在联合国环境规划署第 22 届理事会上，我国政府向全世界承诺："走循环经济之路，实现可持续生产与消费"，我国政府采取的措施主要是：

1）调整产业结构，解决结构性污染，依法淘汰一批技术落后、浪费资源、污染严重、没有市场、治理无望的生产工艺、设备和企业，减轻工业污染负荷，创造企业间公平竞争的环境。

2）调整能源结构，减少煤炭在能源结构中的比例，提高煤炭的利用效率，推广清洁煤技术，大力发展水电，积极开发可再生能源。

3）严格控制新污染和生态破坏，对所有建设项目实行环境影响评价制度，努力做到增产不增污、增产减污。《中华人民共和国环境影响评价法》不仅要求对建设项目进行环境影响评价，并要求对发展规划进行环境影响评价，保证环境保护参与经济社会发展综合决策。

4）推行清洁生产，开展环境审计，鼓励和引导企业实行 ISO 14000 环境管理体系认证。《中华人民共和国清洁生产促进法》要求工业企业污染由末端治理向生产全过程控制转变，既治标又治本。

5）一批城市调整规划布局，加快城市污水和垃圾处理等环境基础设施的建设，治理城市生活污染。

6）调整农业结构，实行退耕还林、退田还湖，发展生态农业、有机农业，保护生态环境，防治农业资源污染。

7）加大对环境保护的投入。

为推动上述措施的实行，我们采取了法律的、行政的、技术的措施，特别是坚持"污染者付费"的原则，制定和实施了一些包括价格、税收等适应市场机制的经济政策。这些措施对促进发展方式转变发挥了很大的作用。

2005 年底，中共中央关于制定"十一五"规划的意见中也指出："发展循环经济是建设资源节约型、环境友好型社会和实现可持续发展的重要途径。"

思考与讨论： 怎样理解循环经济引入了生态学原理？

11.2 清洁生产

清洁生产是循环经济的基石，循环经济是清洁生产的扩展。清洁生产是建立在企业层面上，循环经济是在区域、国家层面上。清洁生产是实现循环经济的重要步骤和保障。

11.2.1 清洁生产概述

1. 清洁生产的定义

2002 年 6 月 29 日，我国正式颁布了《中华人民共和国清洁生产促进法》（以下简称《清洁生产促进法》）。该法的第一章第二条指出："本法所称清洁生产，是指不断采取改进设计、使用清洁的能源和原料、采用先进的工艺技术与设备、改善管理、综合利用等措施，从源头削减污染，提高资源利用效率，减少或者避免生产、服务和产品使用过程中污染物的产生和排放，以减轻或者消除对人类健康和环境的危害。”这一定义概述了清洁生产的内涵、主要实施途径和最终目的。

清洁生产是在回顾和总结工业化实践的基础上提出的关于产品和生产过程预防污染的一种全新战略。它综合考虑了生产和消费过程的环境风险（资源和环境容量）、成本和经济效益，是社会经济发展和环境保护对策演变到一定阶段的必然结果。与以往不同的是，清洁生产突破了过去以末端治理为主的环境保护对策的局限，将污染预防纳入到产品设计、生产过程和所提供的服务之中，是实现经济与环境协调发展的重要手段。

还应当说明，从清洁生产自身的特点看，清洁生产是一个相对的概念，是一个持续不断的过程、创新的过程。

2. 清洁生产的内涵

清洁生产的主要内容通常由以下几个方面来表述：

1）清洁及高效的能源和原材料利用。清洁利用矿物燃料，加速以节能为重点的技术进步和技术改造，提高能源和原材料的利用效率。

2）清洁的生产过程。采用少废、无废的生产工艺技术和高效生产设备；尽量少用、不用有毒有害的原料；减少生产过程中的各种危险因素和有毒有害的中间产品；组织物料的再循环；优化生产组织和实施科学的生产管理；进行必要的污染治理，实现清洁、高效的利用和生产。

3）清洁的产品。产品应具有合理的使用功能和使用寿命；产品本身及在使用过程中，对人体健康和生态环境不产生或少产生不良影响和危害；产品失去使用功能后，应易于回收、再生和复用等。

清洁生产要求两个“全过程”控制：

1）产品的生命周期全过程控制。即从原材料加工、提炼，到产品产出、产品使用，直到报废处置的各个环节采取必要的措施，实现产品整个生命周期资源和能源消耗的最小化。

2）生产的全过程控制。即从产品开发、规划、设计、建设、生产到运营管理的全过程，采取措施，提高效率，防止生态破坏和污染的发生。

清洁生产的最大特点是持续不断地改进。所谓清洁的工艺技术、生产过程和清洁产品是和现有的工艺和产品相比较而言的。推行清洁生产，本身是一个不断完善的过程，随着社会经济发展和科学技术的进步，需要适时地提出新的目标，争取达到更高的水平。

3. 清洁生产的实施

实施清洁生产的主要途径和方法包括合理布局、产品设计、原料选择、工艺改革、节约能源与原材料、资源综合利用、技术进步、加强管理、实施生命周期评估等许多方面，可以归纳如下：

1）合理布局，调整和优化经济结构和产业产品结构，以解决影响环境的“结构型”污染和资源能源的浪费。同时，在科学区划和地区合理布局方面，进行生产力的科学配置，组织合理的工业生态链，建立优化的产业结构体系，以实现资源、能源和物料的闭合循环，并在区域内削减和消除废物。

2）在产品设计和原料选择时，优先选择无毒、低毒、少污染的原、辅材料替代原有毒性较大的原、辅材料，以防止原料及产品对人类和环境的危害。

3）改革生产工艺，开发新的工艺技术，采用和更新生产设备，淘汰陈旧设备。采用能够使资源和能源利用率高、原材料转化率高、污染物产生量少的新工艺和设备，代替那些资源浪费大、污染严重的落后工艺设备。生产程序，减少生产过程中资源浪费和污染物的产生，尽最大努力实现少废或无废生产。

4）节约能源和原材料，提高资源利用水平，做到物尽其用。通过资源、原材料的节约和合理利用，使原材料中的所有组分通过生产过程尽可能地转化为产品，消除废物的产生，实现清洁生产。

5）开展资源综合利用，尽可能多地采用物料循环利用系统，如水的循环利用及重复利用，以达到节约资源，减少排污的目的。使废弃物资源化、减量化和无害化，减少污染物排放。

6）依靠科技进步，提高企业技术创新能力，开发、示范和推广无废、少废的清洁生产技术装备。加快企业技术改造步伐，提高工艺技术装备和水平，通过重点技术进步项目（工程），实施清洁生产方案。

7）强化科学管理，改进操作。国内外的实践表明，工业污染有相当一部分是由于生产过程管理不善造成的，只要改进操作，改善管理，不需花费很大的经济代价，便可获得明显的削减废物和减少污染的效果。主要方法是：落实岗位和目标责任制，杜绝跑冒滴漏，防止生产事故，使人为的资源浪费和污染排放减至最小；加强设备管理，提高设备完好率和运行率；开展物料、能量流程审核；科学安排生产进度，改进操作程序；组织安全文明生产，把绿色文明渗透到企业文化之中等等。推行清洁生产的过程也是加强生产管理的过程，它在很大程度上丰富和完善了工业生产管理的内涵。

8）开发、生产对环境无害、低害的清洁产品。从产品抓起，将环保因素预防性地注入到产品设计之中，并考虑其整个生命周期对环境的影响。

这些途径可单独实施，也可互相组合起来加以综合实施。应采用系统工程的思想和方法，以资源利用率高、污染物产生量小为目标，综合推进这些工作，并使推行清洁生产与企业开展的其他工作相互促进，相得益彰。

4. 清洁生产与传统生产的区别

实践表明，清洁生产作为预防污染的环境战略，是对传统的末端治理手段的根本变革，是防治污染的最佳模式。传统的末端治理与生产过程相脱节，即“先污染，后治理”，侧重点是“治”；清洁生产从产品设计开始，到生产过程的各个环节，通过不断地加强管理和技术进步，提高资源利用率，减少乃至消除污染物的产生，侧重点是“防”。传统的末端治理不仅投入多、治理难度大、运行成本高，而且往往只有环境效益，没有经济效益，企业没有积极性；清洁生产从源头抓起，实行生产全过程控制，污染物最大限度地消除在生产过程之中，不仅环境状况从根本上得到改善，而且能源、原材料和生产成本降低，经济效益提高，竞争力增强，能够实现经济与环境的“双赢”。清洁生产与传统的末端治理的最大不同是找到了环境效益与经济效益相统一的结合点，能够调动企业防治工业污染的积极性。

从环境保护的角度，末端治理与清洁生产两者并非互不相容，也就是说推行清洁生产还需要末端治理。由于工业生产无法完全避免污染的产生，最先进的生产工艺也不能避免产生污染物；用过的产品还必须进行最终处理、处置。因此，完全否定末端治理是不现实的，清洁生产和末端治理是并存的。只有不断努力，实施生产全过程和治理污染过程的双控制，才能保证最终环境目标的实现。

5. 清洁生产的目标

清洁生产的基本目标就是提高资源利用效率，减少和避免污染物的产生，保护和改善环境，保障人体健康，促进经济与社会的可持续发展。

对于企业来说，应改善生产过程管理，提高生产效率，减少资源和能源的浪费，限制污染排放，推行原材料和能源的循环利用，替换和更新导致严重污染的落后的生产流程、技术和设备，开发清洁产品，鼓励绿色消费。

从更高的层次来看，应当根据可持续发展的原则来规划、设计和管理生产，包括工业结构、增长率和工业布局等内容。应采用清洁生产理念开展技术创新和攻关，为解决资源有限性和未来日益增长的原材料和能源需求提供解决途径；应建立推行清洁生产的合理管理体系，包括改善有关的实用技术，建立人力培训规划机制，开展国际科技交流合作，建立有关的信息数据库；最终要通过实施清洁生产，提高全民对清洁生产的认识，最终实现可持续发展的目标。

11.2.2 国际上开展清洁生产的现状

经过20多年的发展，清洁生产逐渐趋于成熟，并为各国企业和政府所普遍认可。加拿大、荷兰、法国、美国、丹麦、日本、德国、韩国、泰国等国家纷纷出台有关清洁生产的法规和行动计划，在世界范围内出现了大批清洁生产国家技术支持中心、非官方倡议以及手册、书籍和期刊等，实施了一大批清洁生产示范项目。至今，清洁生产已经建立了全球、区域、国家、地区多层次的组织与交流网络。UNEP自1990年起每两年召开一次清洁生产国际高级研讨会，并在1998年的第五次会议上推出了《国际清洁生产宣言》。截止到2002年3月底，已有300多个国家、地区或地方政府、公司以及工商业组织在《国际清洁生产宣言》上签名。

到20世纪90年代末期，一部分企业接受了清洁生产的理念并在技术和信息支持下开展了一些活动，大量的实践表明清洁生产可以达到环境效益和经济效益的统一。联合国环境规划署在2000年的第六届清洁生产国际高级研讨会上对清洁生产发展状况的概括是：“对于清洁生产，我们已经在很大程度上达成全球范围内的共识，但距离最终目标仍有很长的路，因此，必须做出更多的承诺。”在2002年第七次清洁生产国际高级研讨会上，联合国环境规划署建议各国进一步加强政府的政策制定，使清洁生产成为主流，尤其是提高国家清洁生产中心在政策、技术、管理以及网络等方面的能力。此次会议上，联合国环境规划署与环境毒理学与化学学会（SETAC）共同发起了“生命周期行动”，旨在全球推广生命周期的思想。会议还提出，清洁生产和可持续消费密不可分，建议改变生产模式与改变消费模式并举，进一步把可持续生产和消费模式融入商业运作和日常生活，乃至国际多边环境协议的执行中。

在推行清洁生产的过程中，世界各国都面临着不同的困难和阻力，并普遍呼唤促进清洁生产的新模式，各国也从各自的实际出发，采取了相应的措施和行动，许多发展中国家正在开展推动清洁生产的基础工作。一些发达国家，如德国，于1996年颁布了《循环经济和废物管理法》；日本在2000年前后相继颁布了《促进建立循环社会基本法》、《提高资源有效利用法（修订）》等一系列法律，以建立循环社会；美国和加拿大也建立了污染预防方面的法律制度，大力推进污染预防工作。

11.2.3 我国清洁生产的现状与对策

1. 我国推行清洁生产的进展与现状

几年来，我国推行清洁生产工作在企业试点示范、宣传教育培训、机构建设、国际合作，以及政策研究制定等方面取得了较大进展。

（1）企业示范 自1993年以来，在国际组织的帮助下，在环保部门、经济综合部门以及工业行业管理部门的推进下，全国共有24个省、自治区、直辖市已经开展或正在启动清洁生产示范项目，涉及的行业包括化学、轻工、建材、冶金、石化、电力、飞机制造、医药、采矿、电子、烟草、机械、纺织印染以及交通等行业。据有关资料不完全统计，全国已有200多家企业进行了清洁生产审计，这些企业通过实施清洁生产方案取得经济效益约5亿元/年，环境效益也很明显：每年削减COD7.8万t，每年减排废水126万t，每年减排废气8亿m^3。

（2）教育培训 截止2000年5月，国内通过不同途径已组织了550个清洁生产培训班，共有16000多人次接受了清洁生产培训，使不同层次的管理者了解了清洁生产，清洁生产技术人员也获得了专门的清洁生产知识和技能。教育培训是推进我国清洁生产的一个重要措施。

（3）机构建设 目前，全国已建立了1个国家级清洁生产中心，在国家清洁生产中心指导下，全国已建立了近40个行业或地方的清洁生产中心。这些机构的建立使在全国推行清洁生产具备了一定的组织基础。它们为企业提供技术支持和信息服务，对推进生产发挥了积极的作用。

（4）国际合作 十多年来，我国已与世界银行、联合国工发组织（UNIDO）、联合国环境规划署（UNEP）、联合国开发计划署（UNDP）、亚洲开发银行等国际组织，以及美国、法国、澳大利亚、日本、加拿大、荷兰、丹麦、挪威等国家进行了广泛的合作，有力地推动了我国的清洁生产工作。

（5）政策法制 2003年1月1日《清洁生产促进法》正式开始实施，这标志着我国推行清洁生产已纳入了法制化和规范化管理的轨道，这也是清洁生产10年来最重要和最具有深远历史意义的成果。之后，国务院办公厅转发了由国家发改委、国家环保总局等11个部门发布的《关于加快推行清洁生产的意见》；国家环保总局发布了《关于贯彻落实〈清洁生产促进法〉的若干意见》，并与国家发改委共同起草了《清洁生产审核办法》。此外，国家环保总局开展了清洁生产指南和标准的编制工作，发布了三项清洁生产标准和一些行业清洁生产审核技术指南，以指导不同行业推行清洁生产。

2. 我国清洁生产的发展前景与对策

（1）我国清洁生产的发展前景

1）走新型工业化道路的要求，为加快推行清洁生产创造了条件。党的十六大报告中提出，要“坚持以信息化带动工业化，以工业化促进信息化，走出一条科技含量高、经济效益好、资源消耗低、环境污染少、人力资源优势得到充分发挥的新型工业化路子”。这是党中央在我国进入新的发展阶段做出的重大战略决策。走新型工业化道路必须实施可持续发展战略，解决经济增长与资源环境的协调发展问题。21世纪初我国将全面进入建设小康社会、加快推进社会主义现代化的新的发展阶段。这一阶段的明显特征是工业化和城市化进程将大大加快，我们面临的资源与环境压力越来越大，可持续发展面临严峻的挑战。解决这一问题的根本途径之一就是要大力推行和实施清洁生产，提高资源利用效率，预防污染的产生，这是实施可持续发展战略的重要措施。

2)《清洁生产促进法》的实施，为加快推行清洁生产提供了法律保障。《清洁生产促进法》规定了政府及有关部门支持、促进清洁生产的具体要求。它包括制定有利于实施清洁生产的政策、相配套的法规和推行规划；合理规划经济布局，调整产业结构，促进区域性清洁生产的实施；指导、引导企业实施清洁生产；组织清洁生产技术研究、开发、示范和推广；建立清洁生产信息系统和技术咨询服务体系；组织开展清洁生产宣传、教育和培训；优先采购清洁产品；定期公布污染严重企业名单等；以及国家对企业实施清洁生产的鼓励政策。这些规定将为企业实施清洁生产创造良好的外部环境。《清洁生产促进法》还规定了对生产经营者实施清洁生产的要求，包括对建设项目环境影响评价的要求；对企业进行技术改造的要求；对产品和包装物的要求；对农业、服务业和建筑业的要求；对矿产资源勘查、开采的要求；对废物、余热综合利用的要求；对企业开展清洁生产审核的要求；对企业自愿实施清洁生产和自愿申请环境管理体系认证的要求等；以及生产经营者必须履行的义务和相应的法律责任。这些规定将加快促进企业实施清洁生产。

3）加入世界贸易组织的新形势，为加快推行清洁生产带来新的动力。在当前的国际贸易中，与环境相关的绿色贸易壁垒已成为一个重要的非关税贸易壁垒。在WTO新一轮谈判中，环境与贸易问题将成为焦点之一。近年来，发达国家为了保护本国利益，设置了一些发展中国家目前难以达到的资源环境技术标准，不仅要求产品符合环保要求，而且规定从产品开发、生产、包装、运输、使用、回收等各个环节都要符合环保要求。为了维护我国在国际贸易中的地位，避免因“绿色壁垒”对我国出口产品造成影响，企业只有实施清洁生产，提供符合环境标准的“清洁产品”，才能在国际市场竞争中处于不败之地。

4）我国推行清洁生产的实践，为加快推行清洁生产奠定了坚实的基础。我国推行清洁生产的实践已经积累了丰富的经验，形成了比较完善的法规和政策体系，能力建设大大增强，示范试点取得明显成效。

(2) 加快推行清洁生产的对策　加快推行清洁生产必须从我国的国情出发，以企业为主体，政府指导推动，充分发挥市场配置资源的基础性作用，逐步形成企业自觉实施清洁生产的机制。坚持推行清洁生产与结构调整相结合，与企业技术进步相结合，与加强企业管理相结合，与强化环境监督和环境管理相结合，不断提高资源利用效率，减少污染物产生和排放，增强企业竞争力，促进经济社会可持续发展。

1）认真学习、宣传《清洁生产促进法》。要广泛深入地开展学习和宣传《清洁生产促进法》的活动，深刻领会法律的精神实质和主要内容，普及清洁生产知识，使政府、企业和社会各界尽快了解《清洁生产促进法》，转变观念，树立清洁生产理念，提高对清洁生产在走新型工业化道路、实现可持续发展和增强企业竞争力中的重要作用的认识，形成良好的社会氛围，依法促进政府加快推行清洁生产，企业积极实施清洁生产。

2）抓紧研究制定配套法规、政策和规划。要以《清洁生产促进法》为依据，尽快制定《清洁生产审核管理办法》、《强制回收的产品和包装物回收管理办法》。研究制定促进企业实施清洁生产的政策，包括产业政策、财政税收政策、技术开发和推广政策等，如企业开展清洁生产审核和培训等活动的费用列入企业经营成本或相关费用科目；在国家设立的中小企业发展基金中，对支持中小企业实施清洁生产做出具体安排；鼓励发展符合清洁生产要求的先进技术、工艺、设备和产品，淘汰落后的技术、工艺、设备和产品。各地区要结合本地区实际情况制定清洁生产推行规划。

3）加大以清洁生产为主要内容的结构调整和技术进步的支持力度。要继续抓好冶金、有色金属、煤炭、电力、石化、化工、轻工、建材等重点行业的结构调整工作，解决“结构性污染”。促进产学研结合，在以企业为主体的技术创新体系建设中，积极引导和鼓励企业开发清洁生产技术和产品；在国家重点技术改造项目计划和地方技术改造项目计划中，对重点行业、重点流域、重点企业清洁生产项目优先安排，并给予必要的贴息支持。

4）切实加强对企业实施清洁生产的指导。要研究制定重点行业清洁生产技术导向目录，编制有关行业清洁生产技术指南和审核指南，指导企业正确实施清洁生产。制定工业取水量定额，重点耗能设备强制性能效标准，建立能效标识制度，组织开展节能、节水产品认证。建立清洁生产信息系统，及时向社会提供有关清洁生产的政策、技术、管理等方面的信息，加强信息交流。加快清洁生产技术服务体系建设，为中小企业提供清洁生产技术服务。

5）积极开展清洁生产示范试点工作。要继续推进10个城市、5个行业清洁生产试点工作，探索符合市场经济要求的推行清洁生产的新机制、新方法，在试点的基础上全面推行清洁生产；并抓好重点流域清洁生产示范试点，组织开展企业清洁生产示范试点，树立一批资源利用率高、污染物排放量少、环境清洁优美、经济效益显著、具有国际竞争力的清洁生产企业。

6）加强环境管理和监督。基本建设和技术改造项目中，涉及环境影响的项目，在进行环境影响评价时应对原料使用、资源消耗、综合利用以及污染物产生与处置等进行分析论证，并在建设项目可行性研究、设计、施工和验收等各个阶段中加以落实。环保部门在发放排污许可证时，应根据企业实施清洁生产审核的结果，核定企业污染物排放总量。对法律规定必须进行清洁生产审核的企业，不按要求实施清洁生产审核或不如实报告审核结果的企业，环保部门应依法予以处罚。

7）建立有关部门协同配合，共同推进的工作机制。推行清洁生产需要有关部门的配合和共同努力。《清洁生产促进法》赋予各级经贸委组织、协调清洁生产促进工作的职责，作为牵头部门要积极协调有关部门，充分发挥有关职能部门和中介机构的作用，形成政府、企业、中介、公众互动机制，共同推进工作的顺利进行。

思考与讨论：结合所学专业，举例说明哪些技术属于清洁生产？

11.3 绿色消费

21世纪是绿色世纪。绿色代表生命、健康和活力，是充满希望的颜色。国际上对“绿色”的理解通常包括生命、节能、环保三个方面，随之产生了“绿色经济”、“绿色技术”、“绿色制造”、“绿色产品”、“绿色食品”、“绿色消费”……。“绿色消费”是实现循环经济的最后关口和动力。

11.3.1 绿色消费概述

绿色消费，也称可持续消费，是指一种以适度节制消费，避免或减少对环境的破坏，崇尚自然和保护生态等为特征的新型消费行为和过程。绿色消费包括的内容非常宽泛，不仅包括绿色产品，还包括物资的回收利用、能源的有效使用、对生存环境和物种的保护等，可以说涵盖生产行为、消费行为的方方面面。

1. 绿色消费的来由

20世纪80年代后半期，英国掀起了“绿色消费者运动”，并席卷了欧美各国。这个运动主要就是号召消费者选购有益于环境的产品，从而促使生产者也转向制造有益于环境的产品。这是一种靠消费者来带动生产者，靠消费领域影响生产领域的环境保护运动。这一运动主要在发达国家掀起，许多公民表示愿意在同等条件下或略贵条件下选择购买有益于环境保护的商品。在英国1987年出版的《绿色消费者指南》中，将绿色消费具体定义为避免使用下列商品的消费：

1）危害到消费者和他人健康的商品。

2）在生产、使用和丢弃时，造成大量资源消耗的商品。

3）因过度包装而超过商品本身价值或因过短的生命周期而造成不必要消费的商品。

4）使用出自稀有动物或自然资源的商品。

5）含有对动物残酷或不必要的剥夺而生产的商品。

6）对其他国家尤其是发展中国家有不利影响的商品。

2. 绿色消费的含义

国际上公认的绿色消费有三层含义：

1）倡导消费者在消费时选择未被污染或有助于公众健康的绿色产品。

2）在消费过程中注重对废弃物的处置。

3）引导消费者转变消费观念，崇尚自然、追求健康，在追求生活舒适的同时，注重环保、节约资源和能源，实现可持续消费。

归纳起来，绿色消费主要包括三方面的内容：消费无污染的物品；消费过程中不污染环境；自觉抵制和不消费那些破坏环境或大量浪费资源的商品等。

11.3.2 绿色产品

绿色消费势必涉及绿色产品。绿色产品是清洁生产的产物，也是绿色消费的组成部分。

1. 绿色产品概述

绿色产品就是在其生命周期全程中，符合环境保护要求，对生态环境无害或危害极少，资源利用率高、能源消耗低的产品。

绿色产品的内涵，主要包括企业在生产过程中选用清洁原料、采用清洁工艺；用户在使用产品时不产生或很少产生环境污染；产品在回收处理过程中很少产生废弃物；产品应尽量减少材料使用量，材料能最大限度地被再利用；产品生产最大限度地节约能源，在其生命周期的各个环节所消耗的能源应达到最少。

绿色产品的第一个环节是设计。绿色产品要求产品质量优、环境行为优。

绿色产品的第二个环节是生产过程。要求实现无废少废、综合利用和采用清洁生产工艺。

绿色产品的第三个环节是产品本身的品质。比一般产品更能体现以人为本，提高舒适度、健康保护及环境保护程度。

绿色产品的第四个环节是废弃物便于处置。

为了便于推行和识别绿色产品，国际上推行了绿色标志。绿色标志又称环境标志。

目前已有 20 多个国家建立了绿色标志制度。绿色标志是指在商品上印制特定的图形，以标明该商品的生产、使用及处理全过程符合环保要求，不危害环境或危害程度极小，有利于资源的再生回收利用。我国于 1993 年 5 月开始实行绿色标志认证制度，现有四种绿色标志（图 11-1）：中国环境标志、有机食品标志、绿色食品标志和无公害农产品标志。

无公害农产品标志　　绿色食品标志　　有机食品标志　　中国环境标志

图 11-1　我国绿色产品标志

2. 绿色食品

绿色产品中的一个重要组成部分就是绿色食品。

（1）绿色食品　所谓绿色食品，是遵循可持续发展原则，按照特定生产方式生产，并经专门机构认定、许可使用绿色食品标志商标的无污染的安全、优质、营养类食品。

（2）绿色食品标志　我国的绿色食品标志由三部分构成，即上方的太阳，下方的叶片和中心的蓓蕾，象征自然生态；颜色为绿色，象征着生命，农业、环保；图形为正圆形，意为保护。

绿色食品标志是指：中文“绿色食品”、英文“Green Food”、绿色食品标志图形及这三者相互组合等四种形式。

绿色食品标志作为一种产品质量证明商标，其商标专用权受《中华人民共和国商标法》保护。标志需通过专门机构认证、许可，才能使用。

绿色食品分为 A 级绿色食品和 AA 级绿色食品。

A 级绿色食品系指在生态环境质量符合规定标准的产地，生产过程中按允许限量使用限定的化学合成物质，按特定的生产操作规程生产、加工，产品质量及包装经检测、检查符合特定标准，并经专门机构认定，许可使用 A 级绿色食品标志的产品。A 级绿色食品标志与字体为白色，底色为绿色。

AA 级绿色食品（等同有机食品）系指在生态环境质量符合规定标准的产地，生产过程中不使用任何有害化学合成物质，按特定的生产操作规程生产、加工，产品质量及包装经检测、检查符合特定标准，并经专门机构认定，许可使用AA级绿色食品标志的产品。AA级绿色食品标志与字体为绿色，底色为白色。

(3) 有机食品　有机食品是指来自于有机农业生产体系，根据国际有机农业生产要求和相应的标准生产加工的，即在原料生产和产品加工过程中不使用化肥、农药、生长激素、化学添加剂、化学色素和防腐剂等化学物质，不使用基因工程技术，并通过独立的有机食品认证机构认证的一切农副产品，包括粮食、蔬菜、水果、奶制品、畜禽产品、蜂蜜、水产品、调料等等。

(4) 无公害农产品（食品）　无公害农产品（食品）是指产地环境、生产过程和最终产品符合无公害食品标准和规范，经专门机构认定、许可使用无公害农产品标志的食品。无公害农产品生产过程中按允许限量限品种、限时间地使用人工合成的安全的化学农药、兽药、渔药、肥料、饲料添加剂等。

在优质级别上：有机食品 > 绿色食品 > 无公害农产品（食品）。

为了实现可持续发展，国家要实行循环经济，企业要实行清洁生产，个人要实行绿色消费。

思考与讨论：通常的消费有哪些是绿色消费？

本章小结

一、循环经济

1. 循环经济的起源和发展

循环经济的思想萌生于20世纪60年代，成熟于20世纪90年代，是21世纪可持续发展的经济模式。

2. 循环经济的定义

循环经济是利用生态学原理来指导人类的经济活动，把经济活动组织成一个“资源—产品—再生资源”的反馈式流程。

3. 循环经济的内涵

循环经济以“3R”为原则，以生态系统观、生态经济观、生态价值观、清洁生产观、绿色消费观为特征。

4. 循环经济是我国可持续发展的必由之路

我国人口众多、人均资源占有少、贫困人口多、贫富差距大、资源分布不均，要求我们必须推行循环经济。我国政府已经制定了切实可行的政策和措施。

二、清洁生产

1. 清洁生产概述

清洁生产是指不断采取改进设计、使用清洁的能源和原料、采用先进的工艺技术与设备、改善管理、综合利用等措施，从源头削减污染，提高资源利用效率，减少或者避免生产、服务和产品使用过程中污染物的产生和排放，以减轻或者消除对人类健康和环境的危害。

2. 国际上开展清洁生产的现状

到2002年3月底，已有300多个国家、地区或地方政府、公司以及工商业组织在《国际清洁生产宣言》上签名。

3. 我国清洁生产的现状与对策

2003年1月1日，《清洁生产促进法》正式开始实施，这标志着我国推行清洁生产已纳入了法制化和规范化管理的轨道，这也是清洁生产10年来最重要和最具有深远历史意义的成果。

三、绿色消费

1. 绿色消费概述

绿色消费主要包括三方面的内容：消费无污染的物品；消费过程中不污染环境；自觉抵制和不消费那些破坏环境或大量浪费资源的商品等。

2. 绿色产品

绿色产品就是在其生命周期全程中，符合环境保护要求，对生态环境无害或危害极少，资源利用率高、能源消耗低的产品。

思考与实践

1. 查阅并说明循环经济、生态经济和绿色经济的异同点?
2. 思考循环经济在各个领域是如何实现的?
3. 思考清洁生产在不同的产业是如何实现的?
4. 查阅什么是ISO 14000? 它与清洁生产的关系如何?
5. 试找出你身边的绿色产品。
6. 举例说明绿色消费都包括哪些方面? 绿色产品都包括哪些种类?
7. 怎样在生活和工作中保持绿色消费?
8. 在本课程结束时，对自己制定的环保行动规划执行情况进行认真总结。

参考书与相关网站

1.《领导干部循环经济知识读本》ISBN：7-80209-123-3
2.《循环经济学》ISBN：7-80087-844-9
3.《新循环经济学》ISBN：7-302-11844-2
4. 中国循环经济网 http：//www.chinaxh.com.cn
5. 中国清洁生产网 http：//www.ccpp.org.cn
6. 筑能网 http：//www.topenergy.org
7. 中国－欧盟可持续发展论坛 http：//emcp.acca21.org.cn
8. 食品伙伴网 http：//www.foodmate.net
9. 中国生态网 http：//www.51st.cn

参考文献

[1] 魏振枢，杨永杰．环境保护概论［M］．北京：化学工业出版社，2003．
[2] 战友．环境保护概论［M］．北京：化学工业出版社，2004．
[3] 于宗保．环境保护基础［M］．北京：化学工业出版社，2003．
[4] 李建成．环境保护概论［M］．北京：机械工业出版社，2003．
[5] 黄儒钦．环境科学基础［M］．成都：西南交通大学出版社，2002．
[6] 张殿印．环保知识400问［M］．北京：冶金工业出版社，2004．
[7] 杨光忠．环境保护实用知识手册［M］．北京：中国环境科学出版社，2003．
[8] 王宁．保护人类共同的家园——地球［M］．北京：化学工业出版社，2003．
[9] 盛连喜．现代环境科学导论［M］．北京：化学工业出版社，2002．
[10] 马桂铭．环境保护［M］．北京：化学工业出版社，2002．
[11] 闫廷娟．环境与可持续发展［M］．北京：北京航空航天大学出版社，2001．